照明工程先进技术丛书

基于 DIALux evo 的
照明工程设计与施工

黄钊文　黄楚婷　肖文平　郑丽芳　著

机 械 工 业 出 版 社

照明工程设计涉及光学、电学、美学、建筑学、计算机学等学科，是一项综合性、系统性工程。随着信息技术的不断发展，照明工程设计已逐渐成为智慧家居乃至智慧城市的重要组成部分。本书结合照明设计入门者的学习习惯和需求，系统讲解照明设计相关知识及软件操作，主要包括照明基础知识、常见的灯具产品与应用场景、照明设计理念，以及结合DIALux evo软件的应用介绍常见场所的照明设计方法。本书在内容上强调功能性照明与艺术性照明相统一的设计理念，并将智慧照明设计作为照明工程设计的重要组成部分，同时展示了国内照明设计企业的真实案例，贴近实际工作岗位需求。

本书适合从事建筑设计和艺术设计领域中照明设计工作的人员、照明灯具企业中需要为客户提供照明设计方案的技术人员阅读，也适合本科院校光源与照明专业、高职院校智能光电技术应用专业及开设了照明设计课程相关专业的院校师生作为工程实践参考书使用。

图书在版编目（CIP）数据

基于 DIALux evo 的照明工程设计与施工 / 黄钊文等
著. -- 北京：机械工业出版社，2025. 6. --（照明工
程先进技术丛书）. -- ISBN 978-7-111-78057-1

Ⅰ.TU113.6

中国国家版本馆 CIP 数据核字第 2025JX9734 号

机械工业出版社（北京市百万庄大街 22 号　邮政编码 100037）
策划编辑：吕　潇　　　　　　责任编辑：吕　潇　卢　婷
责任校对：潘　蕊　李　杉　　封面设计：马精明
责任印制：刘　媛
北京富资园科技发展有限公司印刷
2025 年 6 月第 1 版第 1 次印刷
184mm×260mm · 12 印张 · 184 千字
标准书号：ISBN 978-7-111-78057-1
定价：79.00 元

电话服务　　　　　　网络服务
客服电话：010-88361066　机　工　官　网：www.cmpbook.com
　　　　　010-88379833　机　工　官　博：weibo.com/cmp1952
　　　　　010-68326294　金　书　网：www.golden-book.com
封底无防伪标均为盗版　机工教育服务网：www.cmpedu.com

本书编写委员会

主 任 委 员：黄钊文

副主任委员：黄楚婷　肖文平　郑丽芳　杨显洁

委　　　员：吴铭源　文路方　陈　凯　邵文涛

支持单位（排名不分先后）：

广东省能源研究会

欧普照明股份有限公司

智慧筑光（广州）科技有限公司

深圳深川智能有限公司

绿领（广东）光电科技有限公司

广州视声智能股份有限公司

颐可光照明设计（上海）有限公司

佛山市银河兰晶科技股份有限公司

中山市安藤照明有限公司

中山市古镇比福特灯饰配件厂

明德莱斯科技（广东）有限公司

广东侨都照明电器有限公司

江门市江海区华翔照明有限公司

广州和光文化科技有限公司

前　言
Foreword

　　照明工程设计作为一项系统性、综合性工程，实现了科学与艺术的有机结合，已逐渐成为智慧城市、智慧家居的重要组成部分。然而，目前市场上针对照明工程设计的图书大多是基于艺术设计编写的，缺乏基于电学的技术引导，缺乏关于专业照明设计软件的学习，随着节能照明、智慧城市理念的不断发展，传统基于艺术设计的照明设计图书已无法满足照明工程产业的发展及人才培养的需求。本书面向具备一定电学基础的学生及相关从业人员，立足绿色、智慧、节能、高效的发展理念，针对市场上专业照明设计软件相关图书的缺失，面向智慧化、一体化的智能家居、智慧城市前沿先进产业，有针对性、系统性地开展照明基础知识、照明产品、先进照明设计理念及专业照明设计软件的介绍，适合从事建筑设计、艺术设计的照明设计人员、照明灯具企业中需要为客户提供照明设计方案的技术人员阅读，也适合本科院校光源与照明专业、高职院校智能光电技术应用专业及开设了照明设计课程相关专业的院校师生作为工程实践参考书使用。

　　本书共计 6 章，包含照明基础知识、LED 照明产品及应用、照明设计的步骤与方法、照明设计理念与技巧、照明设计软件的应用，以及以照明设计软件 DIALux evo 的设计应用为例深入介绍讲解等内容。

　　本书编写的目标，一是充分对接照明工程设计的知识、技能需求，针对岗位能力需求分解编写任务，布局每个章节，确保本书的内容切实符合照明工程设计的岗位需求及技能需求，实现本书的"能力本位"目标；二是针对目前市场上专业照明设计软件相关图书相对缺失的现状，补充专业照明设计软件的介绍与分析的内容，有效弥补专业照明设计软件图书相对缺失的不足；三是体现编写理念的前沿性和前瞻性，紧贴产业实际，讲述的相关知识和技能始终与照明工程设计行业的最新发展保持一致性，为照明设计人才发展提供有效支撑。

著者

2025 年 2 月

目　　录
Contents

第3章

照明设计的步骤与方法

第4章

照明设计理念与技巧

第5章

照明设计软件的应用

第 6 章

照明设计软件 DIALux evo 的设计应用

第1章　照明基础知识

1.1　LED 的定义及其特点

1.1.1　光源的分类

光源是照明的核心，根据发光原理不同，光源可以分为多种类型：

1）燃烧发光：这是最早的光源形式，如火把、蜡烛等，通过燃烧物质产生光和热。

2）白炽发光：主要包括白炽灯和卤钨灯，白炽灯通过电流加热灯丝至白炽状态而发光，卤钨灯则是在此基础上添加了卤素气体，以提高灯丝的使用寿命和发光效率。

3）气体放电发光：这类光源包括荧光灯、汞灯、钠灯、金属卤化物灯等，它们通过气体放电产生紫外线，再激发荧光粉或直接发光。

4）固态发光：以 LED（发光二极管）为代表，通过半导体材料的光电效应发光，属于"冷光源"，具有高效、节能、环保等优点。

1.1.2　LED 的定义和工作原理

LED，即发光二极管（Light Emitting Diode），是一种半导体固体发光器件。它利用固体半导体芯片作为发光材料，在半导体中通过载流子发生复合，释放出过剩的能量而引起光子发射从而发光，内部掺杂不同元素化合物，能发出红、绿、蓝等颜色的光。通过三基色原理，并添加荧光粉，LED 还可以发出任意颜色的光，实现电能与光能的转换。LED 发光原理如图 1-1 所示。

LED 发光的核心结构在于 PN 结，具有 $I\text{-}V$ 特性，即正向导通、反向截止特性。在正向电压下，电子由 N 区注入 P 区，空穴由 P 区注入 N 区。进入对方区域的一部分少数载流子（少子）与多数载流子（多子）复合而发光。

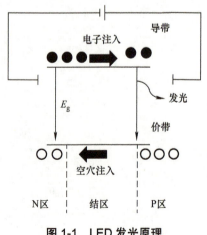

图 1-1　LED 发光原理

发光复合量相对于非发光复合量的比例越大，光量子效率越高。LED 在半导体中通过载流子发生复合，释放出过剩的能量而引起光子发射，实现发光。当电流通过 PN 结，电子就会被推向 P 区，在 P 区里电子跟空穴复合，然后就会以光子的形式发出能量，这就是 LED 发光的原理。LED 发光的颜色，由发出光的波长和频率决定，根本是由形成 PN 结的材料决定。掺杂元素镓（Ga）、砷（As）、磷（P）、氮（N）等的不同，均会使得发出光的波长不同，磷砷化镓（GaAsP）LED 发红光，磷化镓（GaP）LED 发绿光，碳化硅（SiC）LED 发黄光；高亮度单色 LED 使用砷铝化镓（GaAlAs）等材料，超高亮度单色 LED 使用磷铟砷化镓（GaAsInP）等材料，而普通单色 LED 使用磷化镓（GaP）或磷砷化镓（GaAsP）等材料。目前常用的 LED 有发红光和绿光的磷化稼（GaP）LED，其正向压降为 $V_F = 2.3V$；发红光的磷砷化稼（GaASP）LED，其正向压降为 $V_F = 1.5 \sim 1.7V$；以及采用碳化硅（SiC）和蓝宝石材料的黄色、蓝色 LED，其正向压降为 $V_F = 6V$。

LED 的性能参数主要包括正向电压和反向电压。正向电压也称导通电压，不同颜色的 LED，其正向电压不同，红、黄、黄绿光 LED 的正向电压为 1.8 ~ 2.4V。此外，LED 的工作电流也会根据其功率大小有所不同，例如，普通小功率 LED（如 0.04W、0.06W）的工作电流约为 20mA，但光衰电流一般在 15 ~ 18mA；中功率 LED（如 0.1W、0.2W、0.3W）的电流在 20 ~ 100mA；而大功率 LED（如 1W、3W、5W）的电流则分别为 350mA、700mA、1A。反向电压也称为反向击穿电压，超过此值就可能被击穿损害，一般反向电压小于 4V 时的击穿称为齐纳击穿，反向电压大于 7V 时的击穿称为雪崩击穿。

1.1.3 LED 的特点

LED 的优点在于：

1）工作电压低，仅需 1.5 ~ 1.7V 就能导通发光；工作电流小，正向导通电流约为 10mA。

2）单向导通性，死区电压与普通二极管相比略高。

3）耗电量低，LED 单管功率约为 0.03 ~ 0.06W，正常工作的功率不超过 0.1W，采用直流驱动，单管驱动电压约为 1.5 ~ 3.5V，用在同样照明效果的情况下，耗电量是白炽灯的 10%～20%，是荧光灯的 50% 左右。

4）响应速度快，从加电压到发出光仅需 1～10ms，响应频率可达 100Hz。

5）体积小、重量轻，普遍封装在环氧树脂里，结构部件简单，轻便易用。

6）无毒环保，LED 的全部制备材料均为无毒无害材料，对环境友好，同时也可以回收再利用。

LED 也存在一些缺点：

1）光束角度较窄：LED 的发光方式是定向发光，部分 LED 的光束角度比较窄，造成光照范围有限。这就意味着在大范围的照明需求下，需要增加 LED 的数量或使用辅助光学器件进行光线的扩散，增加了成本和复杂度。

2）色温不稳定：不同品牌、不同批次的 LED 可能存在色温不一致的问题，使得不同 LED 之间的色差比较明显。这就要求在同一应用场景下，选择颜色相近的 LED，以保证整体的灯光效果。

3）散热问题：虽然 LED 具有较好的散热性能，但如果散热设计不佳，长时间工作仍会产生一定热量，可能导致光衰加剧，影响使用寿命。

LED 发热的原因在于，LED 的基本结构是一个半导体的 PN 结，当电流流过 LED 组件时，PN 结的温度会上升，严格意义上说，就把 PN 结区的温度定义为 LED 的结温，影响结温的因素主要有

1）组件不良的电极结构：视窗层衬底或结区的材料及导电银胶等均存在一定的电阻值，这些电阻相互叠加，构成 LED 组件的串联电阻。当电流流过 PN 结时，同时也会流过这些电阻，从而产生焦耳热，导致芯片温度或结温的升高。

2）电荷注入效率：由于 PN 结不可能极端完美，组件的注入效率不会达到 100%。在 LED 工作时，除 P 区向 N 区注入电荷（空穴）外，N 区也会向 P 区注入电荷（电子）。一般情况下，后一类的电荷注入不会产生光电效应，而是以发热的形式消耗掉。

3）出光效率限制：目前，先进的材料生长与组件制造工艺已能够使 LED 中极大多数的输入电能转换成光辐射能。然而，由于 LED 芯片材料与周围介质相比，具有大得多的折射系数，致使芯片内部产生的大部分光子（>90%）无法顺利地溢出界面，而在芯片与介质界面产生全反射，返回芯片内部并通过多次内部反射，最终被芯片材料或衬底吸收，并以晶格振动的形式变成热能，促使结温升高。

1.2 照明的功能

1.2.1 功能性照明与艺术性照明

照明存在的最大意义是让人们能在黑夜的时候依然像白天一样工作和生活。另外，随着照明设计的不断深化，照明在夜间呈现出很多白天无法显现的氛围及艺术效果。随着照明灯具产业的不断发展，照明在人类社会生产、生活中发挥着举足轻重的作用，其功能也在不断地发展和深化。

照明灯具的主要作用包括以下几个方面：

1）功能性照明。功能性照明最本质的功能，也是产品发明的初衷，就是希望人们在夜间依然能像白天一样工作和生活，这也是照明灯具的主要作用。无论是公共场所还是私人住宅，满足人们工作和生活所需照度的功能性照明，必须摆在照明设计的首要位置。无论是工作还是生活场景，首要考虑的是人在什么地方、从事什么活动、需要配套怎样的光线。具体来说，功能性照明就是用于实现某种功能满足人们某种活动的照明。

2）艺术性照明。艺术性照明可以视为一种百变的艺术，通过照明的形式、色彩、材质和光源等方面的变化，以达到丰富空间的外观、感受和功能的效果，使空间实现不同的氛围，达到改变视觉、满足人们对美的享受的需求。优秀的艺术性照明，可以为人们在空间内提供不同的感官感受的同时，增加空间的安全性和功能性。

照明的功能如图 1-2 所示。艺术性照明如图 1-3 所示。

1.2.2 照明功能的深化和发展

照明的功能随着技术、设计和应用的发展而不断深化。主要集中在以下领域：

1）绿色照明：在全球气候变化和能源紧张的背景下，绿色照明成为照明行业的重要发展方向。绿色照明不仅关注照明产品的能效和环保性能，还注重照明系统的能源管理和节能控制。未来，照明行业将加大对能效高、低碳环保的照明产品的研发和推广，以满足市场对绿色照明的需求。

图 1-2　照明的功能

图 1-3　艺术性照明（来源：中山市安藤照明有限公司）

2）健康照明：随着人们对健康生活的关注度不断提高，健康照明逐渐成为照明设计的重要考虑因素。健康照明不仅关注光照的亮度、色温和显色性等基本参数，还注重光照对人体生物钟、情绪、视觉舒适度等方面的影响。通过科学的光照设计，为人们提供更加健康、舒适的光环境，有助于改善人们的睡眠质量、提高工作效率和减少视觉疲劳。

3）个性化照明：随着消费市场的不断升级和消费者需求的多样化，个性化照明成为照明行业的重要发展方向。个性化照明可以根据用户的喜好、需求和环境特点进行定制设计，提供更加符合用户需求的照明解决方案。例如，无主灯、线光照明的热潮持续升温，不少企业积极推出智能化程度更高的磁吸灯、筒灯、射灯、灯带等照明产品，这些产品不仅具有照明功能，还能作为装饰品提升家居或商业空间的氛围。

LED照明功能的发展，主要呈现以下趋势：

1）照明与控制、通信、光伏等技术的深度融合：未来的照明产品将不仅仅是光源和灯具，而是集成了电气装置、控制装置、通信和光伏等多种技术的照明系统。这将为照明的调光、调色、各种变化提供更多的可能性，并在工程上得到广泛应用。

2）智慧照明系统的普及：随着物联网和人工智能技术的快速发展，智慧照明系统将更加普及。这些系统能够通过智能控制器和传感器实现更加智能化的场景控制和能源管理，提高能源利用效率和用户体验。

3）向系统化、数字化方向发展：照明将逐步向系统化、数字化方向发展，通过统一规划、升级照明标准，最大程度消除光污染。同时，通过智慧灯杆等新型信息基础设施的建设，实现对城市各领域的精确化管理和城市资源的集约化利用。

1.2.3 常见的照明场景

照明的主要功能是满足人们工作和生活的需要。根据作业类型的不同，分为多种照明场景，主要分为家居照明、商业照明、道路照明、景观照明和特殊应用照明。

1）家居照明。家居照明是照明最常见的应用场景之一。人们在家里需要照明来满足日常生活的需求，如阅读、做饭、清洁等。家居照明不仅要提供足够的亮度，还要营造出舒适和温馨的氛围。随着智能家居技术的发展，家居照明也越来越智能化和个性化，例如，通过智能灯具、智能开关等设备，可以实现远程控制、定时开关、情景模式切换等功能。

2）商业照明。商业照明主要用于酒店、餐厅、服装店等商业场所。这些场所需要高效的照明系统来提高商品的吸引力和员工的效率。商业照明除了要提供足够的亮度外，还要考虑照明设计和美学效果，以营造独特的商业氛围和品牌形象。例如，在服装店中，通过巧妙的照明设计可以突出服装的质感和色彩，吸引顾客的注意力；在餐厅中，柔和的照明可以营造出温馨浪漫的氛围，提升顾客的用餐体验。

3）道路照明。道路照明是保障交通安全和提供夜间出行的必要条件。良好的道路照明可以为驾驶员提供足够的光照，使其能够清晰地看到前方道路、标识和其他交通参与者，从而提高能见度，减少交通事故的发生。道路照明要求灯光明亮、均匀、稳定，能够为驾驶员提供足够的视线距离。同时，道路照明还可以起到美化城市夜景、提升城市形象的作用。

4）景观照明。景观照明主要用于装饰和美化城市景观，包括建筑、公园、广场等公共空间。景观照明通过运用各种照明技术和艺术手段，创造出独特的夜间景观效果，提高城市的形象和知名度。例如，在建筑景观照明中，可以利用投光灯、泛光灯等设备照亮建筑物的轮廓，突出建筑的个性和魅力；在园林景观照明中，可以通过地埋灯、草坪灯等设备照亮树木、花坛等景观元素，营造出自然和谐的夜间环境。

5）特殊应用照明。在某些特殊应用中，照明也是必不可少的。例如，在手术室中，需要使用无影灯等专业照明设备来确保手术视野的清晰度和亮度；在舞台上，需要使用各种灯光设备来营造不同的灯光效果和氛围，为表演提供视觉支持。这些场所需要专业的照明设备和技术，以满足特定的需求。

1.3 光学知识

1.3.1 光源特性参数

光源特性参数包括光通量、光通量维持率、发光强度和发光效能。

光通量：单位时间内通过某一面积的光能，是每单位时间到达、离开或通过曲面的光能。符号为 Φ，单位为流明（lm）。1lm 定义为在标准亮度条件下，频率为 540THz 的单色光，其功率为 11683W。

光通量维持率：给定时间内光通量与初始光通量的比值，用于衡量光衰与寿命。

发光强度：简称光强，是指光源在指定方向的单位立体角内发出的光通量，单位为坎德拉（candela），简写为 cd。通俗理解，发光强度是光源发出的光的强弱程度。

发光效能：光通量与耗电量的比值，单位为 lm/W。

1.3.2　受光体的相关参数

受光体的相关光学参数包括亮度、照度等。

亮度：单位投影面积上的发光强度，反映发光体表面发光（反光）强弱的物理量，国际单位为 cd/m^2，符号是 L。

照度：即光照强度，是指单位面积上所接受可见光的光通量，单位为勒克斯（lx）。$1m^2$ 面积上所得的光通量是 1lm 时，照度是 1lx。具体计算照度时，可以用光通量 / 面积。日常生活中，单一空间内往往有多个灯具完成照明工作，需要计算平均照度。如果是多个同一型号的灯具，平均照度 = [单个灯具光通量（Φ）× 灯具数量（N）× 空间利用系数（CU）× 维护系数（K）]/ 地板面积。其中，空间利用系数是指工作面或其他规定的参考面上，直线或经相互反射接收的光通量与照明装置全部灯具发射的总的额定光通量之比；维护系数 K，又称光损失因数（Light Loss Factor，LLF），是指灯具经过一段时间工作后的照度与灯具新安装时的初始照度（或平均初始照度）的比值。照度计算涉及作业面的设定。受光面是指参考平面，测量或规定照度的平面。作业面是指进行工作的平面。常见的灯具维护系数见表 1-1。光学参数之间的关系如图 1-4 所示。

表 1-1　常见的灯具维护系数

环境特征分类		维护系数	
		白炽灯、钠灯、荧光灯、LED 灯	卤钨灯
清洁	很少有尘埃、烟灰及蒸汽（如办公室、阅览室、仪表车间等）	0.75（0.8）	0.8（0.85）
一般	有少量尘埃、烟灰及蒸汽（如商店营业厅、剧场观众厅、机加工车间等）	0.7（0.75）	0.75（0.8）
污染严重	有大量粉尘、烟灰及蒸汽（如铸工、锻工、车间、厨房等）	0.6（0.65）	0.65（0.7）
室外	露天广场、道路	0.7	0.75

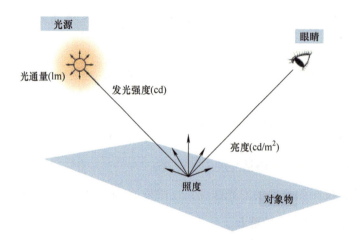

图 1-4　光学参数之间的关系

1.3.3　光源质量的相关参数

光源质量的相关参数包括色温、显色性。

1. 色温

色温是指理想黑体加热到一个温度，其发射的光的颜色与光源所发射的光的颜色相同时，这个黑体加热的温度称为该光源的颜色温度，简称色温，单位为开尔文（K），符号为 T_c。LED 色温的变化规律是，当温度升高到一定程度时颜色由深红－浅红－橙黄－白－蓝白－青蓝逐渐改变色温的分布规律如图 1-5 所示。

色温的特征：与纬度有关，高纬度地区偏蓝，低纬度地区偏红；也与天气有关。实际使用中，常用光源中的蓝色光谱成分和红色光谱成分的比例来区分，一般是蓝色成分高时光源色温较高、红色成分高时光源色温较低。

2. 显色性

显色性是指光源对于物体颜色显现的程度，光源显色性（Color-Renering Property of Light Light Source）是指光源在与标准参照光源相比时，对物体色产生的颜色效果。人们总是习惯以太阳光照明下的物体色作为物体的本色。其他人工光源照明下的物体色与物体的本色之间的差异即为这种人工光源的显色性能。显色性也就

《基于 DIALux evo 的照明工程设计与施工》

任务实践册

机械工业出版社

目录
Contents

部分任务实施步骤参考	
小房子照明设计	多图纸设计
仓库设计	办公楼及培训室设计

任务页	任务1 小房子照明设计	日期：	班级：
		姓名：	学号：

【任务目标及任务要求】

学习目标	能导入图纸、正确设定图纸单位，并能识别房屋的图纸与家具物品图纸
	能完成建筑的添加及通过内部轮廓完成内部空间构造
	掌握门窗（特别是带框的门窗）的安装技巧
	能设计各种屋顶，掌握屋顶的起始位置设定及坡度设定
	能设计各种天花板
	能修改建筑的材质
	能放置家具及物件
	养成做事细心、严谨、求真务实的工作作风；培养精益求精和持续改进的工匠精神；提升美学意识，增强审美观念；注重节能环保意识
任务要求	1. 根据小房子图纸，能完成建筑设计 2. 对小房子建筑进行必要的材质美化 3. 完成盆栽等物件的放置

【任务实施步骤】

1. 打开 DIALux evo 软件，选择导入图纸或 IFC，省去进入界面再导入图纸的步骤

2. 在小房子文件夹中，找到小房子平面图 .dwg，打开

3. 设定坐标原点，单击"下一步"，选择单位，并测试图纸中的某一边缘的长度，跟实际对比，确认单位是否正确

4. 在图纸页面打开图层，检查图层是否完整，确认哪些是需要打开的、哪些可以暂时关闭，以方便建模

5. 添加建筑物

6. 在楼层栏中设置建筑物总高度，建筑物总高度输入 3.5m

7. 绘制内部轮廓，并检查三维图内部轮廓是否完整

8. 添加门窗，并在三维图中检查门窗是否绘制完整

9. 绘制屋顶

10. 绘制天花板

11. 添加家具及物件，添加前先打开图层中物件的图纸

12. 修改建筑内部的材质

知识归档（请总结本任务的重点知识）：

学习效果评价

序号	评估点	掌握与否	问题记录
1	导入图纸并确认单位	是□ 否□	
2	添加建筑及内部轮廓设计	是□ 否□	
3	添加门窗	是□ 否□	
4	屋顶设计	是□ 否□	
5	天花板设计	是□ 否□	
6	家具及物件放置	是□ 否□	
7	内部材质修改	是□ 否□	

任务评分

序号	评价项目	学生自评	小组互评	教师评价	总评
1	任务是否按时完成				
2	任务完成完整性				
3	任务完成质量				
4	小组合作表现				
5	创新点				

任务页	任务2　多图纸设计	日期：	班级：
		姓名：	学号：

【任务目标及任务要求】

学习目标	能导入第二张图纸、正确设定图纸单位
	能根据建筑位置将新图纸移到相应的位置中
	能绘制各种形状的地面组件
	能添加户外的树木等物件
	能修改材质，实现地面、道路、草坪的绘制
	养成做事细心、严谨、求真务实的工作作风；培养精益求精和持续改进的工匠精神；提升美学意识，增强审美观念；注重节能环保意识
任务要求	1.导入总规划设计图，并根据建筑位置将图纸移动到相应的位置
	2.根据图纸要求进行地面组件的绘制
	3.根据实际要求进行各种材质的修改

【任务实施步骤】

1. 在建筑界面中选择平面图视角

2. 在总规划设计文件夹中，找到总规划图 .dwg，打开

3. 设定坐标原点，单击"下一步"，选择单位，并测试图纸中的某一边缘的长度，跟实际对比，确认单位是否正确

4. 在图纸中找到小房子所在的图纸位置，将图纸向建筑移位，调整好图纸的位置

5. 通过多边形地面组件绘制户外道路

6. 在立体图中检查道路，并选择相应的材质，修改道路的材质

7. 通过多边形地面组件绘制绿化带

8. 选择相应的材质，修改绿化带材质

9. 在家具及物件栏中选择相应的树木，放置在相应的位置中

10. 在立体图中检查绘制情况

知识归档（请总结本任务的重点知识）：

学习效果评价

序号	评估点	掌握与否	问题记录
1	第二张图纸导入并确认单位	是□　否□	
2	根据上一建筑位置移动图纸	是□　否□	
3	多边形地面组件添加户外地面	是□　否□	
4	修改屋外组件材质	是□　否□	
5	添加户外家具及物件	是□　否□	

任务评分

序号	评价项目	学生自评	小组互评	教师评价	总评
1	任务是否按时完成				
2	任务完成完整性				
3	任务完成质量				
4	小组合作表现				
5	创新点				

任务页	任务3　仓库设计	日期：	班级：
		姓名：	学号：

【任务目标及任务要求】

学习目标	能导入第三张图纸、正确选取图纸的显示与关闭
	能根据总规划图将第三张图纸移动到相应的位置
	能进行第二个建筑的添加及内部轮廓绘制
	能单独添加第二个建筑的门窗及内部家具物件
	能修改第二个建筑的内部材质
	养成做事细心、严谨、求真务实的工作作风；培养精益求精和持续改进的工匠精神；提升美学意识，增强审美观念；注重节能环保意识
任务要求	1. 导入仓库图纸，并根据建筑位置将图纸移动到相应的位置 2. 根据图纸要求进行第二个建筑的绘制及内部设计

【任务实施步骤】

1. 在全景界面中选择平面图视角

2. 在仓库设计文件夹中，找到仓库平面图 .dwg，导入图纸

3. 设定坐标原点，单击"下一步"，选择单位，并测试图纸中某一边缘的长度，跟实际对比，确认单位是否正确

4. 在总规划图中找到仓库所在的图纸位置，将仓库图纸向总规划图相应的位置移位，调整好图纸的位置

5. 通过添加建筑物，完成仓库建筑添加

6. 通过绘制内部轮廓绘制内部空间

7. 添加门窗

8. 添加内部的家具及物件

9. 完成建筑内部材质修改

10. 在立体图中检查绘制情况

知识归档（请总结本任务的重点知识）：

学习效果评价

序号	评估点	掌握与否	问题记录
1	第三张图纸导入并确认单位	是□　否□	
2	根据总规划图位置移动图纸	是□　否□	
3	添加多栋建筑物	是□　否□	
4	独立处理第二栋建筑物的绘制	是□　否□	

任务评分

序号	评价项目	学生自评	小组互评	教师评价	总评
1	任务是否按时完成				
2	任务完成完整性				
3	任务完成质量				
4	小组合作表现				
5	创新点				

任务页	任务4　办公楼及培训室设计	日期：	班级：
		姓名：	学号：

【任务目标及任务要求】

学习目标	能通过复制楼层制备多层建筑
	能通过裁剪片段在二层以上建筑中开楼梯口
	能通过挑选材质设置挡板玻璃材质
	能使用单个置入、直线排列等方式放置家具物品和灯具
	能使用矩形排列放置家具物件和灯具
	能通过平面图、正视图、右视图等不同视角调整家具物件和灯具的位置
	能使用调整接头一键调整射灯的照射方向
	能使用替换所选灯具功能一键替换同型号灯具
	养成做事细心、严谨、求真务实的工作作风；培养精益求精和持续改进的工匠精神；提升美学意识，增强审美观念；注重节能环保意识
任务要求	1. 导入办公楼及培训室图样，完成办公楼及培训室的建筑设计 2. 根据图样要求进行第三、第四个建筑的绘制及内部设计，注意通过图层区分不同楼层的家具及物件 3. 通过复制楼层功能完成办公楼二层及三层的设计 4. 对培训室进行照明设计，要求使用单个置入、直线排列、矩形排列等方式完成多个灯具的添加 5. 通过调整接头设置射灯的照射方向

【任务实施步骤】

1. 在全景界面中选择平面图视角

2. 在办公楼设计和培训室设计文件夹中，找到办公楼平面图 .dwg 及培训室平面图 .dwg，导入图纸

3. 设定坐标原点，单击"下一步"，选择单位，并测试图样中的某一边缘的长度，跟实际对比确认单位是否正确

4. 在总规划图中找到办公楼和培训室所在的图样位置，将办公楼和培训室图样向总规划图相应的位置移位，调整好图样的位置

5. 通过添加建筑物完成办公楼和培训室建筑添加

6. 通过绘制内部轮廓绘制内部空间，对于办公楼，先关闭二层以上楼层的图层，完成首层的绘制

7. 根据图样要求添加门窗、家具及物件

8. 选择办公楼建筑，采用复制楼层完成第二层的建设，打开二层的图层，调整内部轮廓，修改门窗、家具及物件

9. 使用裁剪片段完成楼梯口的设计，并通过家具及物件中的楼梯根据实际添加楼梯

10. 使用同样的方法完成办公楼第三层的设计

11. 选择培训室建筑，在培训室内根据家具的位置及功能添加相应的照明灯具，注意使用直线排列、矩形排列等方式完成灯具的放置

12. 在讲台位置放置白板，使用射灯照射，并通过调整接头一键设置射灯的照射方向

知识归档（请总结本任务的重点知识）：

学习效果评价

序号	评估点	掌握与否	问题记录
1	复制楼层并调整内部轮廓完成多楼层设计	是□　否□	
2	使用裁剪片段完成楼梯设计	是□　否□	
3	使用直线排列、矩形排列等方式添加灯具	是□　否□	
4	使用调整接头设置射灯照明方向	是□　否□	

任务评分

序号	评价项目	学生自评	小组互评	教师评价	总评
1	任务是否按时完成				
2	任务完成完整性				
3	任务完成质量				
4	小组合作表现				
5	创新点				

任务页	**任务5 灯光场景及计算元件设计**	日期：	班级：
		姓名：	学号：

【任务目标及任务要求】

学习目标	能完成灯具组的分组
	能根据不同的使用功能场景设计不同的照明场景
	能根据不同照明场景合理设计灯具组的照明比例
	能根据当日的天气情况，设定当天的日期及天气情况
	能根据实际设定工作面
	能根据功能需求设定计算元件，并通过各种视图将计算元件调整到位
	能导出和保存视图
	养成做事细心、严谨、求真务实的工作作风；培养精益求精和持续改进的工匠精神；提升美学意识，增强审美观念；注重节能环保意识
任务要求	1. 根据需求设定灯具组
	2. 根据功能设定照明场景
	3. 根据实际设定当天的日期及天气情况
	4. 根据照明需求调整每个照明场景灯具的照明比例
	5. 根据每个空间的实际绘制工作面
	6. 对重点区域设置计算元件
	7. 对空间场所导出能用于报告的视图

【任务实施步骤】

1. 在培训室建筑内，单击"灯光场景"，系统会默认内部和外部两组灯具，这次不考虑外部，可以直接将外部灯具组删除

2. 根据培训室的区域，分别添加课室、讲台、休息室、实操室共4个灯具组

3. 选择听课区域的所有灯具，在内部灯具组中单击"–"，在课室灯具组中单击"+"

4. 选择讲台区域的所有灯具，在内部灯具组中单击"–"，在讲台灯具组中单击"+"

5. 选择休息室区域的所有灯具，在内部灯具组中单击"–"，在休息室灯具组中单击"+"

6. 选择实操室区域的所有灯具，在内部灯具组中单击"–"，在实操室灯具组中单击"+"

7. 根据功能要求设定讲课、讨论、实操、下课共4个不同的照明场景

8. 根据上述照明场景的照明需求调整每个灯具组点亮的比例

9. 根据实际设定当天的日期及天气情况

10. 根据教室、休息室、实操室的实际使用需求绘制工作面

11. 在教室桌面、讲台及实操室仪器桌面分别设置水平照度及垂直照度计算元件

12. 对教室、休息室、实操室分别保存和导出视图

知识归档（请总结本任务的重点知识）：

学习效果评价

序号	评估点	掌握与否	问题记录
1	合理设置灯具组	是□ 否□	
2	合理设置照明场景	是□ 否□	
3	根据实际调整照明场景中每个灯具组的照明比例	是□ 否□	
4	设置工作面	是□ 否□	
5	设置计算元件	是□ 否□	
6	导出和保存视图	是□ 否□	

任务评分

序号	评价项目	学生自评	小组互评	教师评价	总评
1	任务是否按时完成				
2	任务完成完整性				
3	任务完成质量				
4	小组合作表现				
5	创新点				

任务页	**任务6　光迹跟踪及报表**	日期：	班级：
		姓名：	学号：

【任务目标及任务要求】

	能对有玻璃的场景使用光迹跟踪获得更逼真的视图
	能根据需要编辑报表的内容及结构
学习目标	能对报表进行导出
	养成做事细心、严谨、求真务实的工作作风；培养精益求精和持续改进的工匠精神；提升美学意识，增强审美观念；注重节能环保意识
任务要求	1. 在有玻璃的界面使用光迹跟踪获得清晰的图片，注意先计算才能使用该功能 2. 编辑报表的内容及结构 3. 生成报表并检查是否与预期一致 4. 导出报表

【任务实施步骤】

1. 计算后调整到想要的角度，例如，有镜子、窗户和玻璃物件前，单击"光线追踪"，启动光迹跟踪

2. 另存为图片

3. 进入报表栏，单击"编辑"选择报表需要呈现的内容，包括封面、内容、说明、图片、灯具列表、全景、建筑物、楼层等选项

4. 编辑完成后，单击"显示完整报表"，检查报表是否跟预期一致

5. 确认一致后单击"另存为"，输出报表

知识归档（请总结本任务的重点知识）：

学习效果评价

序号	评估点	掌握与否	问题记录
1	光迹跟踪获得有玻璃场景的清晰图片	是□　否□	
2	编辑报表的内容及结构	是□　否□	
3	导出报表	是□　否□	

任务评分

序号	评价项目	学生自评	小组互评	教师评价	总评
1	任务是否按时完成				
2	任务完成完整性				
3	任务完成质量				
4	小组合作表现				
5	创新点				

是颜色逼真的程度，显色性越好的光源，在其照明下的物体色越接近该物体的本色，显色性高的光源对颜色的表现较好，我们所看到的颜色也就较接近自然原色。

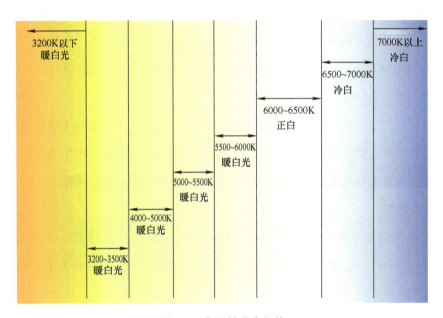

图 1-5 色温的分布规律

为何会有显色性高低之分？其关键在于光线的"分光特性"。可见光的波长在 380 ～ 780nm，也就是光谱中红、橙、黄、绿、蓝、靛、紫的范围，如果光源发射的光中各色光的比例和自然光相近，则眼睛所看到的颜色也就较为逼真。显色性的对比如图 1-6 所示。

平均显色指数高的光源   平均显色指数低的光源

图 1-6 显色性的对比

光源的显色性是由显色指数来表明的，它表示物体在该光源下颜色比基准光（太阳光）照明时颜色的偏离程度，能较全面反映光源的颜色特性。

显色指数（Color Render Index，CRI）是表示光源显色性高低的数值。

平均显色指数（R_e）是指显色指数中所有颜色样本的平均值，通常包括 $R_1 \sim R_{15}$ 共 15 个颜色样本的平均值（$R_1 \sim R_{15}$ 在后面会详细介绍）。R_e 的数值越低、与基准光差异越大，则显色性越低。

一般显色指数（R_a）是光源对国际照明委员会（CIE）规定的 8 种颜色样品的特殊显色指数的平均值，这 8 种颜色样品选自孟塞尔色标，包含各种有代表性的色调，它们具有中等彩度和明度。一般显色指数的数值范围为 0 ~ 100，数值越高，表示光源的显色性越好。

特殊显色指数是光源对某一选定的标准颜色样品的显色指数，计算式为 $R_i = 100 - 4.6\Delta E$，其中，R_i 为特殊显色指数，ΔE 为此颜色样品在参照光源下和在待测光源下的色差。

国际照明委员会除规定计算一般显色指数用的 8 种颜色样品外，还补充规定了 6 种计算特殊显色指数用的颜色样品（包括彩度较高的红、黄、绿、蓝、白种人肤色和叶绿色），另外，我国光源显色评价方法增加了 1 种黄种人肤色的标准色样。所以，显色指数用的 15 种颜色样品分别是 R_1 淡灰红色、R_2 暗灰黄色、R_3 饱和黄绿色、R_4 中等黄绿色、R_5 淡蓝绿色、R_6 淡蓝色、R_7 淡蓝紫色、R_8 淡红紫色、R_9 饱和红色、R_{10} 饱和黄色、R_{11} 饱和绿色、R_{12} 饱和蓝色、R_{13} 白种人肤色、R_{14} 树叶绿、R_{15} 黄种人肤色。显色性等级划分见表 1-2。

表 1-2 显色性等级划分

一般显色指数（R_a）	等级	显色性	一般应用
90 ~ 100	1A	优良	需要色彩精确对比的场所
80 ~ 89	1B		需要色彩正确判断的场所
60 ~ 79	2	普通	需要中等显色性的场所
40 ~ 59	3		对显色性的要求较低，色差较小的场所
20 ~ 39	4	较差	对显色性没有具体要求的场所

显色性的相关标准要求：连续工作的场所，R_a 不小于 80（高于 6m 的场所可降低）；太阳光的 R_a 为 100，钠灯的 R_a 为 23，荧光灯的 R_a 为 60 ~ 90，LED 灯的 R_a 为

$80 \sim 95$，金属卤化物灯的 R_a 为 $80 \sim 90$，白炽灯的 R_a 为 $90 \sim 100$。

1.4 照度标准值

照度标准值是指照明装置进行维护时，作业面或参考平面上的维持平均照度，规定平面上的平均照度不得低于此数值，以确保工作时视觉安全和视觉功效所需要的照度。照度标准值通常按照 0.5lx、1lx、3lx、5lx、10lx、15lx、20lx、30lx、50lx、75lx、100lx、150lx、200lx、300lx、500lx、750lx、1000lx、1500lx、2000lx、3000lx、5000lx 进行分级。

根据 GB/T 50034—2024《建筑照明设计标准》规定，常见场所的照度标准值见表 1-3。

表 1-3 常见场所的照度标准值

房间或场所		参考平面及其高度	照度标准值 /lx
住宅建筑起居室	一般活动	0.75m 水平面	100
	书写、阅读	0.75m 水平面	300
住宅建筑餐厅		0.75m 餐桌面	150
图书馆普通阅览室		0.75m 水平面	300
办公建筑普通办公室		0.75m 水平面	300
一般商店营业厅		0.75m 水平面	300
医院候诊室		地面	200
学校教室		课桌面	300
工业建筑机械加工粗加工		0.75m 水平面	200

1.5 照明节能

照明灯具是否节能是用照明功率密度衡量的。

照明功率密度（Lighting Power Density，LPD）是指建筑场所中单位面积的照明安装功率，单位为 W/m²。相关的国家标准要求照明设计中实际的 LPD 值应小于或等于标准规定的 LPD 最大限值。GB/T 50034—2024 和 CJJ 45—2015《城市道路照明设计标准》均对相关场所的 LPD 值作出了规定，常见场所的照明功率密度限值见表 1-4。

表 1-4　常见场所的照明功率密度限值

房间或场所	照明功率密度限值 / (W/m²)	
	现行值	目标值
起居室	≤ 5.0	≤ 4.0
卧室		
餐厅		
厨房		
卫生间		
普通办公室	—	≤ 6.5
高档办公室	—	≤ 9.5
会议室	—	≤ 6.5
营业大厅	—	≤ 6.0

1.6　光污染

　　光污染，是指光对环境产生的污染，广义的光污染包括由光引入的可能对人的视觉环境和身体健康产生不良影响的事物，是现代城市过度使用照明产生的环境问题，主要包括溢散光、眩光、杂乱光和光侵入等类型。LED 灯光污染是指由于 LED 灯具的过度照明、设计不合理或管理不当，导致过量的光辐射对人类生活和自然环境造成负面影响的现象，这种污染不仅影响人们的视觉舒适度，还可能对生态环境和人体健康造成潜在危害。

　　LED 灯光污染的影响主要包括以下方面：

　　1）干扰睡眠：LED 灯光在夜间过于强烈，会干扰人们的睡眠周期，导致失眠、睡眠质量下降等问题。

　　2）损害视力：长期接触 LED 灯光可能导致视力下降和眼部疲劳、干涩等问题。

　　有效避免 LED 灯光污染的发生，主要有以下措施：

　　1）合理使用 LED 灯具：根据实际需要选择合适的 LED 灯具和照明方式，避免过度照明。在商业广告、夜景照明等场合，应合理规划 LED 灯具的使用数量和亮度。

　　2）优化 LED 灯具设计：通过改进 LED 灯具的设计，如调整光线照射角度、降低光源亮度等，减少光污染的发生。采用多级灰度矫正技术改善色彩柔和度，使 LED 灯光更加舒适。

3）加强 LED 灯光管理：对 LED 灯具进行合理规划和管理，如定期维护、及时关闭不必要的灯光等。

1.7　频闪

频闪是指光通量存在的波动。光源频闪就是光源发出的光随时间呈快速、重复的变化，使得光源跳动和不稳定。电光源的光通量的波动驱动电源发光体发光的频率在 40kHz 以上，才能避免频闪。国际标准 IEC 61000-3-3 规定，灯具频闪的频率应该小于 100Hz，同时，闪烁指数应该小于 3%。

LED 灯具频闪是指 LED 灯具或光源在交流或脉冲直流电源的驱动下，随着电流幅值的周期性变化，光通量、照度或亮度也发生相应的变化，即光的强度随时间变化的特性。LED 灯具频闪的成因主要源于驱动电源的特性及电光源技术。由于 LED 灯具有非常快的响应时间，其频闪特性在很大程度上取决于驱动电源的稳定性，当驱动电源提供的电流不稳定或存在波动时，就会导致 LED 灯具的亮度发生变化，从而产生频闪现象。

LED 灯具频闪对人体健康可能产生一系列负面影响。

1）视觉疲劳：长时间在低频闪烁的灯光下工作或生活，人眼会感到疲劳，甚至可能出现头痛、眼花等症状。

2）视力下降：频闪的灯光如果太过强烈或频繁，可能会损伤视网膜细胞，导致视力下降。

3）神经性问题：长期暴露在频闪的光源下，还可能引发光敏性癫痫等疾病。

频闪的判断标准是根据 GB/T 31831—2015《LED 室内照明应用技术要求》及 IEEE 1789-2015 标准，LED 灯具频闪在波形频率 3125Hz 以上则被认为是安全的，即频闪危害为 0。这意味着，只要 LED 灯具的频闪频率超过 3125Hz，就可以认为其频闪性能是合格的，不会对眼睛和身体健康产生负面影响。

减少频闪的措施主要有：

1）选择高质量的驱动电源：购买 LED 灯具时，应选择质量可靠、稳定性好的驱动电源，以减少电流波动对 LED 灯具亮度的影响。

2）合理调整亮度：在使用 LED 灯具时，可以根据需要合理调整亮度，避免过亮或过暗的灯光对眼睛造成刺激。

3）避免长时间直视 LED 光源：长时间直视 LED 光源可能会对眼睛造成损伤，因此在使用时应尽量避免。

1.8　眩光

眩光是指视野中由于不适宜亮度的分布，或在空间、时间上存在极端的亮度对比，以致引起视觉不舒适和降低物体可见度的视觉条件。眩光的危害是可能引起视觉不适、降低视力，部分使用场景还会造成安全隐患，增加事故风险。

LED 眩光产生的原因：

1）灯光亮度：LED 灯具的亮度越高，产生的眩光也就越强烈。当 LED 光源的亮度超过人眼能够适应的范围时，就会产生眩光现象。

2）灯具位置：LED 灯具与观察者的视线角度关系密切。LED 灯具越接近视线水平，眩光效果越明显。此外，如果 LED 灯具的安装位置不当（如过高或过低），也可能导致眩光。

3）光源尺寸与分布：大面积的光源或多个光源聚集在一起时，眩光的可能性更大。这是因为大面积的光源会产生更多的光线散射，从而增加眩光的可能性。

4）环境光照条件：当环境较暗时，人眼对 LED 灯具的亮度反差更为敏感，从而导致眩光感觉增强。

眩光分为直接眩光、间接眩光、反射眩光及对比眩光。直接眩光是指光线直接照射到眼睛而产生的眩光；间接眩光是指光线经过反射或折射后照射到眼睛而产生的眩光；反射眩光是指光线从光滑表面（如镜面、玻璃等）反射后照射到眼睛而产生的眩光；对比眩光是指视野中亮度对比过大而产生的眩光。

降低眩光，可采取以下措施：

1）选择合适的灯具：选择具有防眩光功能的 LED 灯具，如带有遮光罩、漫反射器等设计的 LED 灯具。

2）调整光源位置和角度：合理布置 LED 光源的位置和角度，避免光线直接照射到眼睛或产生强烈的反射光。

3）使用遮光材料：在需要减少眩光的区域使用遮光材料，如窗帘、百叶窗等。

4）保持环境亮度适宜：保持室内或工作环境的亮度适宜，避免过亮或过暗的环境对眼睛造成不适。

目前衡量炫光的指标包括眩光值（Glare Rating，GR）和统一眩光值（Unified Glare Rating，UGR）。GB/T 50034—2024 中规定，GR 是国际照明委员会用于度量体育场馆和其他室外场地照明装置对人眼引起不舒适感主观反应的心理参量，UGR 是国际照明委员会用于度量处于室内视觉环境中的照明装置发出的光对人眼引起不舒适感主观反应的心理参量。

第 2 章　LED 照明产品及应用

02

2.1 LED 照明产品的分类

LED 照明产品目前已成为现代照明的主流产品，主要包括 5 种分类方法。

1）按安装方式分类，可以分为吸顶灯、吊灯、壁灯、落地灯、台灯等，吸顶灯的特点是灯具上方较平，安装时底部可以完全贴在天花板上，提供整体照明，常用于客厅、卧室、阳台等室内场所；吊灯的特点是吊装在室内天花板上，兼顾功能照明与装饰照明，款式多样化，常用于客厅、卧室、餐厅等空间，增加空间层次感；壁灯的特点是安装在室内墙壁上，作为辅助照明或装饰性灯具，常用于客厅、卧室、楼梯、过道或卫生间等空间；落地灯是放置在地面上的灯具，通常分为上照式和直照式，提供局部照明并点缀空间，适用于客厅和休息区域，与茶几或沙发搭配使用；台灯的特点是放置在桌面或床头等位置，提供局部照明，普遍用于书房、卧室或床头柜。

2）按功能和应用场景分类，可以分为基础照明灯具、重点照明灯具、装饰照明灯具及特殊照明灯具。基础照明灯具是指提供空间的基本照明需求的照明灯具，如吸顶灯、筒灯等；重点照明灯具是指用于突出空间中的某个特定区域或物体的灯具，如射灯、地埋灯等；装饰照明灯具不仅提供照明功能，还具有装饰空间的作用，如具备造型的各种吊灯；特殊照明灯具是指用于特定场景或需求下的照明灯具，如水下灯、地脚灯等。

3）按发光特性分类，可以分为单色 LED 灯、RGB 三色 LED 灯及可调光 LED 灯，单色 LED 灯只能发出单一颜色的光，如红色、蓝色、绿色等；RGB 三色 LED 灯可通过控制红、绿、蓝三种颜色的光混合，产生多种颜色的光，用于营造氛围或进行色彩调节；可调光 LED 灯支持调节亮度，满足不同场景下的照明需求。

4）按设计和技术特点分类，可以分为智能 LED 灯、集成 LED 灯及特定功能 LED 灯。智能 LED 灯是指具备智能控制功能的 LED 灯，可通过手机 App、语音控制等方式进行远程控制和智能调节；集成 LED 灯将多个 LED 灯珠集成在一起，形成具有特定形状和功能的灯具，如 LED 面板灯、LED 灯带等；特定功能 LED 灯根据各种应用场景，具备一定的特殊功能，如防水 LED 灯、体育场所投光灯等。

5）按形状分类，可以分为弹头灯、草帽灯、食人鱼灯、矩形灯、管状灯（包括面光管和侧向管）及蝙蝠翼型灯。按发光强度分类，可以分为聚光型灯、标准型灯及发散型灯；按功率分类，可以分为小功率灯、中功率灯、大功率灯及阵列式大功率灯；按产品用途分类，可以分为建筑及民用产品、景观照明、行业用灯等；按 LED 灯的灯座分类，可以分为螺口灯座灯（型号通常以字母 E 开头）、两个或以上触点灯座灯（型号通常以字母 G 开头）、卡口灯头灯（型号通常以字母 B 开头）、射灯（型号通常以字母 MR 开头）及铝材料抛物线形反射器（型号通常以字母 PAR 开头）。

2.2　室内用照明灯具

2.2.1　筒灯

筒灯是一种常见的室内照明灯具，其在特点、种类、应用及安装方法等方面均有一定的特点和要求。

1. 筒灯的特点及种类

筒灯的特点是形状普遍呈圆形，光线柔和，明装式的筒灯呈圆柱形，目前已成为主流的室内用灯。一般预留好相应的接口，内嵌式筒灯有左右两个卡口，安装简便。

筒灯可以根据不同的分类方式进行划分，主要包括以下几种：

按安装方式分类，分为明装式筒灯和嵌入式筒灯；按灯管安装方式分类，分为螺旋灯头筒灯和插拔灯头筒灯；按光源个数分类，分为单插筒灯和双插筒灯；按防雾情况分类，分为普通筒灯和防雾筒灯；按大小分类，可分为 2in$^{\ominus}$、2.5in、3in、3.5in、4in、5in、6in、8in、10in，这里的 in 是英寸，代表筒灯里面的反射杯的口径。常见的明装式筒灯和嵌入式筒灯如图 2-1 所示。

　　$\ominus$　　1in = 0.0254m。

a) 明装式筒灯　　　　　　　　b) 嵌入式筒灯

图 2-1　常见的明装式筒灯和嵌入式筒灯（来源：中山市安藤照明有限公司）

嵌入式筒灯是指安装于吊顶天花板内的筒灯，光线向下投射；明装式筒灯是指直接安装在天花板表面的筒灯，无需嵌入；螺旋灯头筒灯是指使用螺旋灯头连接白炽灯或灯管；插拔灯头筒灯是指白炽灯或灯管通过插拔方式与筒灯连接；防雾筒灯是指具有防雾功能，适用于潮湿环境的筒灯。

筒灯因其不占空间、光线柔和、节能环保等特点，被广泛用于各种室内场合，如酒店、家庭、咖啡厅、办公室、会议室、百货商场等，作为主要的灯光使用。筒灯一般装设在卧室、客厅、卫生间的周边天棚上，这种嵌装于天花板内部的隐置性灯具，所有光线都向下投射，属于直接配光。

2. 筒灯的安装

筒灯的安装相对简单，一般步骤包括准备工具、选择安装位置、打孔、安装筒灯、连接电线和安装开关等。

1）安装前准备：一是确定安装位置，根据照明需求和设计要求，确定筒灯的安装位置，通常，筒灯安装在天花板上，可以根据需要确定安装的数量和布局；二是使用铅笔或气动打钉机在天花板上标记出安装位置，确保位置准确；三是准备工具和材料，准备好电钻、扳手、螺丝刀、电线、开关、筒灯、支架等工具和材料，确保筒灯和支架的型号、规格相匹配。

2）安装步骤：打孔，使用电钻在标记好的位置上打孔，孔的大小要略大于筒灯的直径，以便安装时能够顺利放入。注意避免切断电线或损坏水管等隐藏设施。

3）安装支架：将支架放入打好的孔洞中，使其固定在天花板上，明装筒灯需要螺钉将吊装部件固定。支架安装需要安装稳固，确保无晃动现象。内嵌式筒灯一般有夹扣装置将筒灯固定在天花板上，不需要安装支架。

4）连接电源：在连接电源之前，务必关闭房间的总电源，以确保安全。根据筒灯的接线要求，将电源线与筒灯的接线端子连接。注意区分相线（火线）和中性线（零线），确保接线正确。使用绝缘胶带或压线帽等工具将接线处进行绝缘处理，防止漏电。

5）安装筒灯：将筒灯轻轻放入支架中，调整角度和位置，确保筒灯与支架紧密贴合。使用螺钉或其他固定工具将筒灯固定在支架上，确保筒灯安装牢固。

6）测试和调试：安装完成后，重新接通电源，测试筒灯的亮度和效果。如有需要，进行调整和修正，以达到预期的照明效果。

筒灯安装需要注意的事项如下：

1）用电安全，在安装和操作筒灯时，务必确保用电安全，避免触电和电路短路的风险。

2）在安装前和安装过程中，务必断开电源，以确保安全操作。

3）选择合适的筒灯，根据照明需求和空间设计，选择合适的筒灯类型和规格。考虑灯具的功率、亮度、色温等参数，确保其与室内环境的整体风格和需求相匹配。

4）安装高度和布局，确定筒灯的安装高度，通常取决于天花板的高度和照明需求。合理规划筒灯的数量和布局，确保光线均匀分布，并避免出现明暗差异或光线集中的问题。嵌入式筒灯需要注意开孔大小与筒灯大小相匹配。

5）防水防尘，根据筒灯的安装位置，注意防水和防尘措施。特别是在厨房、卫生间等湿度较高的区域安装筒灯时，需选择防水型筒灯，并确保安装位置周围的密封性。

6）维护保养，定期清洁筒灯表面和内部灰尘，保持灯具的清洁和明亮。如果发现筒灯有损坏或故障现象，应及时进行维修或更换。

2.2.2　球泡灯

球泡灯是替代传统白炽灯的新型节能灯具，是基于人们使用传统球状节能灯的习惯，通过改变 LED 的发光曲线，实现球状发光的灯具产品。

球泡灯具有以下特点：

1）寿命长，球泡灯的 LED 光源寿命长达 50000h。

2）耐用：球泡灯的灯壳材料使用聚碳酸酯（PC 料）或聚甲基丙烯酸甲酯（又称 PMMA 或有机玻璃，俗称亚克力）压铸成型，光源部分的 LED 也是抗震耐摔的特殊材料，即使破碎也不易造成割伤。

3）便捷：球泡灯可以直接替换 E27、E14、GU10、B22 等接口的节能灯和普通白炽灯产品，无需进行任何更改或借助技术人员。

4）亮度高，球泡灯采用大功率 LED，光线柔和，光谱纯正，发光效率高，可达 90～100lm/W。

LED 球泡灯采用了现有的接口方式，即螺口、插口方式（E26、E27、E14、B22 等），甚至为了符合人们的使用习惯，模仿了白炽灯的外形。内部光源选择的是 LED 灯珠，基于 LED 单向性的发光原理，设计人员在灯具结构上做了更改，使得 LED 球泡灯的配光曲线基本与白炽灯的点光源性趋同。

LED 球泡灯由 7 个部件所组成，其中在最上面的是玻璃罩，玻璃罩是卡在基座上的，基座上面会有 1 个孔，基座连接导热座，导热座连接散热器，在灯头上连接的是驱动电源，发光的就是 LED 灯珠了。球泡灯成本最高的部件是驱动电源，而对于保证球泡灯的质量来说，最重要的部件是散热器、驱动电源及 LED 灯珠。

球泡灯的安装步骤比较简便。

1）准备工具与材料：准备必要的工具，如螺丝刀、绝缘胶带、剥线钳、万用表等。确保球泡灯及其配件（如灯座、电线等）完好无损。

2）检查电路：在安装前，使用万用表检查电路是否通畅，确保无短路或断路现象。确保电源符合球泡灯的额定电压和电流要求。

3）关闭电源：在进行任何电气安装或维修前，务必关闭电源开关，以防止触电。

4）安装灯座：如果需要，先安装或更换适合 LED 球泡灯的灯座。确保灯座与天花板或灯具固定座紧密连接，无松动。

5）连接电线：使用剥线钳剥开电线的绝缘层，露出适当的铜丝长度。将电线按照正确的极性（通常是相线接正极，中性线接负极）连接到球泡灯的接线端子上。使用绝缘胶带或绝缘套管包裹好裸露的电线部分，以防触电或短路。

6）安装球泡灯：将 LED 球泡灯轻轻旋入灯座中，直到其完全固定。注意不要用力过猛，以免损坏灯座或球泡灯。

7）通电测试：打开电源开关，检查球泡灯是否正常发光。观察光线是否均匀、颜色是否与预期相符。

8）调整与固定：如果需要，调整球泡灯的角度或位置以获得最佳照明效果。使用适当的固定装置（如螺钉、卡扣等）将球泡灯固定在适当的位置。

注意事项：

1）阅读说明书：在安装前，务必仔细阅读球泡灯的说明书，了解其安装方法、使用要求及注意事项。

2）注意安全：在安装过程中，务必注意电气安全，避免触电事故的发生。

3）确保电源已关闭，并使用绝缘工具进行操作。

4）选择合适的位置：根据照明需求选择合适的安装位置，避免将球泡灯安装在潮湿、高温或易燃物附近。

5）注意防水防尘：如果在户外或潮湿环境中使用 LED 球泡灯，需要选择具有防水防尘功能的型号，并按照说明书进行安装和维护。

6）定期维护：定期检查球泡灯的工作状态，如果发现光线变暗、闪烁或损坏等现象，应及时更换或维修。

2.2.3　灯管

LED 灯管，俗称 LED 光管、LED 荧光灯管，其光源采用 LED 作为长条状发光体，灯管的材料是铝塑管或者玻璃管，适用于普通照明。主要用于写字楼、商场、学校、工厂等的室内照明。

LED 荧光灯灯管与传统的荧光灯在外形尺寸、口径上都一样，长度有 60cm、120cm 和 150cm 三种，其功率分别为 10W、16W 和 20W，而 20W 传统荧光灯（电感镇流器）实际耗电约为 53W，10W LED 荧光灯的亮度要比传统 40W 荧光灯还要亮。

LED 灯管不使用水银，也不含铅等有害物质，外壳可回收利用，对环境无污染。LED 灯管的使用寿命远超过传统荧光灯管，理论上可以达到 50000h 以上。一体式灯管如图 2-2 所示。

图 2-2　一体式灯管（来源：中山市安藤照明有限公司）

LED 灯管的安装步骤如下：

1）安装前准备。关闭电源：在安装 LED 灯管之前，务必关闭电源开关，确保电路中没有电流通过，避免触电危险。准备工具：准备好螺丝刀、绝缘手套、剥线钳、接线螺帽或无焊接头等工具，以便在安装过程中使用。检查灯管：检查 LED 灯管及其配件是否完好无损，特别是灯管两端的接口部分，确保没有损坏或变形。

2）安装 LED 灯管。确定方向：LED 灯管通常具有特定的安装方向，安装前需仔细查看说明书或灯管上的标识，确保安装方向正确。连接电源：如果是替换原有的荧光灯管，需要拆除原有的镇流器和辉光启动器，荧光灯需要强电场将惰性气体电离，如果不拆除，则通电会将 LED 灯管损坏。将 220V 交流电源直接接入 LED 灯管的两端。部分 LED 灯管设计为兼容现有荧光灯管接口，这时只需将原荧光灯管拆除，直接安装 LED 灯管即可。注意相线和中性线的接入点，通常相线接到 LED 灯管的一端，中性线接到 LED 灯管的另一端，不要接反，否则可能导致内部电路损坏。插入接口：将 LED 灯管的两端接口对准灯架上的插槽，轻轻推入即可。在推入过程中，要确保接口完全吻合，避免出现松动或歪斜的情况。固定灯管：有些 LED 灯管在安装后还需要进行固定，以防在使用过程中发生晃动或脱落。具体固定方式可能因灯管型号而异，请按照相关说明书上的指导进行操作。

3）测试与检查。安装完成后，打开电源开关，测试 LED 灯管是否能正常工作。如果发现灯管不亮或闪烁等异常情况，应及时检查电路连接是否正确、灯管是否损坏等，并采取相应的措施进行处理。

2.2.4　吸顶灯

吸顶灯通常安装在房间内部，由于灯具上部较平，紧靠屋顶安装，像是吸附在屋顶上，所以称为吸顶灯。吸顶灯设计简洁，外形多样，安装方便，广泛应用于客厅、卧室、厨房、卫生间等各个室内空间，提供基础照明或辅助照明。直径 200mm 的 LED 吸顶灯适宜在走道、浴室内使用，而直径 400mm 的吸顶灯则安装在不小于 16m² 的房间顶部为宜。

吸顶灯的特点如下：

1）节省空间：由于直接安装在天花板上，不占用地面或桌面空间，非常适合空间有限或需要保持空间整洁的场合。

2）照明均匀：吸顶灯通常采用圆形或多边形设计，光源分布均匀，能够照亮整个房间，避免产生明显的阴影区域。

3）风格多样：随着设计趋势的变化，吸顶灯在外观上也变得越来越多样化，包括简约现代、欧式古典、中式传统等多种风格，可以轻松融入不同的家居装饰风格。

4）易于清洁和维护：由于安装位置较高，吸顶灯不易积灰，且大多数设计都便于拆卸和清洁，维护起来较为简单。

5）节能环保：现代吸顶灯多采用 LED 光源，具有能效高、寿命长、环保无污染等优点，能够显著降低能耗和减少更换灯具的频率。常见的吸顶灯如图 2-3 所示。

图 2-3　常见的吸顶灯（来源：欧普照明股份有限公司）

吸顶灯的安装步骤如下：

1）安装前准备：在连接前，确保电源线的绝缘层已经剥开一段适当的长度，以便与灯具电线进行连接。连接时，通常采用绞接法或压接法，并用绝缘胶带包裹好连接处，以防漏电。

2）安装灯具底盘：将灯具的底盘放置在膨胀螺栓上，并旋紧固定螺栓，使底盘牢固地固定在天花板上。

3）安装灯罩和光源：根据灯具的设计，将灯罩和光源安装到底盘上。有些灯具的灯罩和光源是分离的，需要分别安装；而有些则是整体设计，只需一次性安装即可。

4）打开电源并测试：在完成所有安装步骤后，重新打开房间的总电源开关，测试灯具是否能够正常工作。检查灯具的亮度和颜色是否符合预期，以及是否有闪烁或不稳定的情况。

5）注意事项：在安装前，应确保天花板能够承受灯具的重量，并检查电路是否符合安全标准。根据灯具的安装说明书进行正确安装，确保连接牢固、电气接触良好。考虑到散热问题，应避免在灯具周围堆放易燃物品，保持通风良好。定期检查灯具的电气连接和光源状况，如有损坏应及时更换。

2.2.5　格栅灯

格栅灯是照明灯具的一种，其光源被一组或多组相平行的金属栅条与框架包围，将光线均匀地投放，这种设计有助于提升光线分布的均匀性，减少眩光。格栅灯广泛应用于办公室、工厂、商场、教室等场所，特别是在有吊顶的空间中更为常见。

格栅灯的光源一般是灯管，分为嵌入式和吸顶式。格栅灯的底盘多采用优质冷轧板，表面经过磷化喷塑工艺处理，防腐性能好，不易磨损、褪色。同时，格栅片采用透光或反光材料，能够有效利用光线，提高照明效果。格栅灯的规格和尺寸多种多样，以满足不同场所和空间的照明需求。常见的格栅灯尺寸包括600mm×600mm、1200mm×300mm、1200mm×600mm 等。此外，格栅灯的厚度也有所不同，常见的有 7mm、20mm、32mm 等。具体分为镜面铝格栅灯及有机板格栅灯。

镜面铝格栅灯，格栅铝片采用镜面铝，深弧形设计，反光效果更佳，底盘采用优质冷轧板，表面采用磷化喷塑工艺处理，防腐性能好，不易磨损、褪色。所有塑料配件均采用阻燃材料。

有机板格栅灯，采用进口有机板材料，透光性好，光线均匀柔和，防火性能好，符合环保要求。底盘采用优质冷轧板，表面采用磷化喷塑工艺处理，防腐性能好，不易磨损、褪色。所有塑料配件均采用阻燃材料。

格栅灯的安装步骤如下：

1）取下格栅反光罩：轻轻取下灯盘上的格栅反光罩，注意取下的过程中要轻拿轻放，避免刮伤或损坏。

2）放置灯具本体：将灯具本体放置在已预留好的天花板龙骨上，确保灯具四边完全搁置在龙骨条上，以免灯具掉落。如果灯具较重，建议使用线丝将灯具吊装在天花板上，以增加稳固性。

3）连接电源线：将电源线从出线孔穿入，并正确连接到接线端子台上。注意电源线的连接，L 标识处接相线，N 标识处接中性线，接地标识处接地线，确保电气连接正确无误。

4）装入光源：将光源正确装入灯具中，注意将光源卡入灯头槽内，当听到"啪"的一声后，表示光源与灯头铜片处接触良好。如果安装后灯光不亮，可能是光源与灯头铜片接触不良，需要重新检查并安装。

5）安装格栅反光罩：将格栅反光罩的吊带一端拴在灯具本体的吊带孔内，以方便后续更换光源。将格栅反光罩卡入灯具本体内，注意弹片与格栅反光罩的良好接触，确保格栅反光罩不会脱落。

6）测试灯具：打开电源开关，测试灯具是否通电并正常工作。如果灯具不亮，需要根据上述步骤逐一检查并排除故障。

2.2.6　射灯

射灯是一种聚光型的灯，能够营造室内照明气氛，突出重点对象，通过变换角度和组合照明，实现光线的聚集和焦点的打造。射灯能自由变换照射角度，可安置在吊顶四周或家具上部，也可置于墙内、墙裙或踢脚线里。光线直接照射在需要强调的物体上，以突出主观审美作用，达到重点突出、环境独特、层次丰富、气氛浓郁、缤纷多彩的艺术效果。射灯可分为下照射灯和导轨射灯。

下照射灯可装于顶棚、床头上方、橱柜内，还可以吊挂、落地、悬空，分为明装式、暗装式（嵌入式）两种类型。下照射灯的特点是光源自上而下做局部照射和自由散射，光源被合拢射灯在灯罩内，其造型有管式下照灯、套筒式下照灯、花盆式下照灯、凹形槽下照灯及下照壁灯等，可分别装于门廊、客厅、卧室。嵌入式下照射灯如图 2-4 所示。

图 2-4　嵌入式下照射灯（来源：欧普照明股份有限公司）

与普通下照射灯相比，主要特点是将射灯具安装在导轨上，能够改变灯光方向。导轨射灯大都用金属喷涂或陶瓷材料制作，有纯白、米色、浅灰、金色、银色、黑色等色调；外形有长形、圆形，规格尺寸大小不一。射灯所投射的光束，可集中于一幅画、一座雕塑、一盆花、一件精品摆设等，创造出丰富多彩、神韵奇异的光影效果，可用于客厅、门廊或卧室、书房。明装式射灯如图 2-5 所示。

图 2-5　明装式射灯（来源：欧普照明股份有限公司）

射灯可用于住宅、商场、艺术展馆、舞台表演等。住宅中，用于客厅、卧室、餐厅等场所的局部照明和装饰，提升家居氛围；商场中，常使用射灯来突出展示商品或照明餐桌，增强顾客的购物体验；艺术展馆中，射灯用于照亮艺术品，凸显细节和色彩；舞台表演中，射灯用于照亮演员或特定区域，营造丰富的光影效果。

射灯的安装步骤如下：

1）根据需求确定位置：根据室内设计和照明需求，确定射灯的安装位置。通常，射灯可以安装在墙壁、天花板或地面上。

2）测量并标记：使用卷尺和水平仪测量并标记好安装位置，确保射灯安装的水平和对称。

3）打孔：在标记好的位置使用电钻打孔（如果安装在天花板或墙壁上）。

4）安装支架：将射灯支架放入孔中，并使用螺钉和扳手将其固定在墙壁或天花板上。确保支架安装牢固且与墙壁或天花板平齐。

5）剥开电线：使用剥线钳剥开电线的绝缘层，露出一定长度的金属线芯。

6）连接电线：将射灯的电线与电源电线连接。可以使用电线接头进行连接，并用绝缘胶带和绝缘套管包裹好连接处，确保安全可靠。

7）固定射灯：使用螺丝刀将射灯固定在支架上。确保射灯安装稳固，不易晃动。

8）接通电源：在完成射灯的安装后，接通电源进行测试。

9）调整照明效果：根据照明需求和个人喜好，调整射灯的照明角度和亮度。

2.2.7　灯带

灯带又称灯条，是指把 LED 灯用特殊的加工工艺焊接在铜线或者带状柔性电路板上面，再连接上电源发光，因其发光时的形状像一条光带而得名。按电压分类，可分为高压灯带（如 220V）和低压灯带（如 12V、24V）；按功能分类，可分为单色灯带、变色灯带（如 RGB 灯带，可实现红、绿、蓝三原色的混合变化）和智能灯带（可通过手机 App、遥控器等方式进行远程控制）；按材质分类，可分为柔性灯带 [如硅胶灯带、聚氯乙烯（PVC）灯带] 和硬质灯带（如铝槽灯带）。灯带具有节能环保、色彩丰富、安装便捷的特点，已被广泛应用在建筑物、桥梁、道路、庭院、家具、汽车、广告等的装饰和照明。

灯带的安装步骤如下：

1）选择合适的灯带：根据使用场景和照明需求选择合适的灯带类型，同时根据照明实际需求，选择功率、亮度合适及质量可靠的产品，确保使用安全和照明效果。

2）测量安装区域：使用卷尺精确测量需要安装灯带的长度和位置，确保购买的灯带长度足够且布局合理。考虑到灯带的剪裁会损失部分光源，建议多预留一些长度以备不时之需。

3）规划布线路径：根据测量结果和设计需求，规划灯带的布线路径。尽量避免灯带直接暴露在视线中，可通过吊顶、凹槽或装饰线条等方式进行隐藏。同时，确保电源驱动器能够方便地接入电源插座，并考虑其散热需求。

4）连接电源驱动器：将电源驱动器的输出端与灯带的输入端通过连接线正确连接。注意区分正负极，确保连接牢固且无误。然后，将电源驱动器的输入端接入电源插座，并检查电源是否正常。

5）裁剪与固定灯带：根据测量结果，使用剪刀在灯带的指定裁剪位置（通常每隔一定距离会有标记）进行裁剪。裁剪后，使用绝缘胶带包裹好裸露的电线部分，以防触电。接下来，使用卡扣或固定夹将灯带按照规划好的路径固定在安装面上。注意保持灯带平整、无扭曲，并确保固定牢固。

6）调试与检查：安装完成后，打开电源开关，观察灯带是否正常发光。检查每个发光点是否均匀、无暗点或闪烁现象。如果有异常，应及时排查原因并进行修复。同时，检查灯带与电源驱动器的连接是否存在松动或发热过高等问题。常见的灯带如图 2-6 所示。

图 2-6　常见的灯带（来源：比福特灯饰）

2.3　户外用灯

2.3.1　庭院灯

庭院灯是专为庭院设计的小型户外装饰照明灯具,其主要目的是提供照明功能的同时,也增添庭院的美观性和氛围。庭院灯具备以下特点:

1)美观性:庭院灯往往具有精美的外观设计,能够与庭院中的植物、水景、雕塑等元素和谐相融,提升庭院的整体美感。

2)功能性:提供夜间照明,确保庭院在夜晚也能保持一定的可视度,方便人们行走和活动。

3)防水、防腐蚀:由于庭院灯长期暴露在户外环境中,因此必须具备良好的防水和防腐蚀性能,以保证其长期稳定运行。

庭院灯的种类繁多,按照安装方式可分为地埋式、壁挂式、立柱式等;按照风格则可分为古典、现代、欧式、中式等多种,古典风格多采用铜质或铁艺材质,设计上融入传统元素,如灯笼形状、雕花图案等,适合中式或复古风格的庭院;现代风格线条简洁流畅,材质多为不锈钢或铝合金,搭配 LED 光源,适合现代简约风格的庭院;欧式风格设计典雅浪漫,常配有精美的雕花和装饰,适合欧式风格的庭院。庭院灯的灯罩多数向上安装,灯管和灯架多数安装在庭院地坪上,特别适合住宅小区、公园、校园、动物园、植物园等场所。

庭院灯的主要部件包括光源、灯具、灯杆、法兰盘、基础预埋件共 5 个部分,庭院灯的高度一般有 2.5m、3m、3.5m、4m、4.5m、5m 几种常用规格。

庭院灯的安装步骤如下:

1)挖掘灯座坑:在选定位置挖掘灯座坑,坑的大小和深度应根据灯具的型号和规格来确定,以确保灯具能够稳固地安装在坑内。

2)铺设电缆:根据庭院灯的电源需求和布置方案,铺设电缆并连接灯具和电源。注意电缆的弯曲半径、接头处理及防水措施,确保电缆的安全性和可靠性。

3)安装灯具:将庭院灯放入灯座坑内,并使用专用工具将灯具与灯座固定在一起。确保灯具与灯座固定牢靠,地脚螺栓备帽应齐全。调整灯具的方向和角度,确保灯具能够正常发光并满足照明需求。

4）连接电源：将电缆连接到灯具和电源上，并进行必要的接线和测试工作。注意电线的颜色和标识，确保接线正确并符合安全标准。

5）调试与测试：安装完成后，对庭院灯进行调试和测试。检查灯具的亮度、颜色、照射范围等参数是否符合要求，并调整灯具的方向和角度以达到最佳照明效果。

安装时，需要注意以下事项：

1）庭院风格：选择与庭院整体风格相协调的灯具。

2）照明需求：根据庭院的面积、布局和使用需求来确定灯具的数量和位置。

3）质量与安全：确保所选灯具质量可靠，具有防水、防腐蚀等性能，并符合安全标准。常见的庭院灯如图 2-7 所示。

图 2-7　常见的庭院灯（来源：江门市江海区华翔照明有限公司）

2.3.2　地埋灯

地埋灯，顾名思义就是装在地下的、以超高亮 LED 为光源（由 LED 恒流驱动）、嵌入地面的一种照明装饰灯具，具有防漏、防水、防尘、耐腐蚀、耐压、美观大方等特点。地埋灯的结构一般包括灯体、光源、驱动电源、防水接头等部分。其中，灯体多采用压铸或不锈钢等材料，坚固耐用、防渗水；面盖则为 304 不锈钢材料，防腐蚀、抗老化；硅胶密封圈和高强度钢化玻璃则进一步增强了灯具的防水性和透光性。所有坚固螺栓均用不锈钢制成，防护等级一般达到 IP67 或 IP68，确保灯具在各种环境下都能稳定运行。广泛应用于广场、会议室、展览厅、商场、停车场等场所，既提供照明功能，又美化环境。

地埋灯的安装步骤如下：

1）确定位置：根据实际需求和现场情况，确定地埋灯的安装位置。

2）开挖基坑：根据地埋灯的尺寸和形状，开挖合适大小的基坑。基坑的深度和宽度应略大于地埋灯的底座，以便于安装和固定。

3）铺设电缆：在基坑中铺设电缆，并连接到外部电源。电缆的长度应根据地埋灯的位置和电源的距离来确定。

4）安装灯具：将地埋灯放入基坑中，调整位置并固定。确保灯具与地面保持水平，且防水接头等部分连接紧密。

5）浇筑混凝土：在基坑中浇筑混凝土，将地埋灯的底座固定在混凝土中。混凝土的厚度应保证灯具的稳定性和安全性。

6）等待混凝土干燥：混凝土浇筑完成后，需要等待一段时间让其自然干燥。干燥时间根据具体情况而定，一般不少于 7 天。

7）接通电源并调试：待混凝土干燥后，接通电源并调试地埋灯，确保其正常工作并达到预期的照明效果。目前较新型的光伏地埋灯及其照明效果如图 2-8 所示。

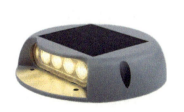

a) 光伏地埋灯　　　　　　　　　b) 光伏地埋灯照明效果

图 2-8　目前较新型的光伏地埋灯及其照明效果（来源：比福特灯饰）

2.3.3　洗墙灯

洗墙灯是一种将光线投射到墙面上的照明灯具，以满足墙面照明和装饰的需要，由于能让灯光像水一样洗过墙面，因此被称为"洗墙灯"，常见的洗墙灯包括线条型、嵌入式、投射型等。洗墙灯主要用作建筑装饰照明，还有用来勾勒大型建筑的轮廓，作用是美化环境、营造氛围和突出重点，适用于商业场所、建筑、园林景观、家庭装饰等的全景式泛光照明。商业场所中，用于装饰商业场所的墙面、地面和天花板，营造明亮、时尚的氛围，吸引顾客注意力；建筑照明中，用于照亮建筑物，如大楼、桥梁、隧道等，为城市景观增添光彩；园林景观中，用于照亮园林中的道路、草坪、花坛等，同时装饰园林中的建筑和雕塑，营造浪漫、宜人的氛围；家庭装饰中，用于家庭中的墙面、地面和天花板照明，增添时尚和艺术气息。LED 洗墙灯的技术参数与 LED 射灯大体相似。

结构上，LED 洗墙灯基本上是选用 1W 大功率 LED 灯管，呈单线排列，大多数 LED 洗墙灯的 LED 灯管都是共用一个散热器，其发光角度一般有窄（20° 左右）、中（50° 左右）、宽（120° 左右）三种，大功率 LED 洗墙灯（窄角度）的最远有效投射距离为 5 ~ 20m，其常用功率有 8W、12W、15W、24W、27W、36W 等几种功率形式，而它们的常用外形尺寸一般为 300mm、500mm、600mm、1000mm、1200mm、1500mm 等。

洗墙灯的安装步骤如下：

1）确定安装位置：根据照明需求和现场环境，确定洗墙灯的安装位置。一般来说，洗墙灯应安装在需要照亮的墙面或建筑立面的附近，以获得最佳的照明效果。确定安装高度：洗墙灯底部距离地面的高度一般建议在 1.8 ~ 2.2m，可根据实际情况进行调整。对位置进行测量与标记：使用水平尺和墙面检测仪确定墙壁上的线路和障碍物位置，并标记好安装孔的位置。

2）安装支架：根据洗墙灯的大小和重量，选择合适的角铁支架。支架应略大于洗墙灯的底座大小。在墙壁上打孔，并用螺钉将角铁支架固定在预定位置上。确保支架安装平整、稳固可靠。

3）连接电源线：在墙壁上打孔，将电源线引出，确保电源线长度适中，无过长或过短现象。将电源线的一端插入洗墙灯的线孔中，并使用绝缘胶带将电源线牢固地粘贴在墙壁上，确保电源线不松动。

　　4）安装洗墙灯：连接灯具，将洗墙灯的线头与电源线连接。首先，剥去电源线的绝缘层，将裸露的电源线与洗墙灯线头用接线端子连接。固定灯具，将洗墙灯的底座对准角铁支架上的孔洞，然后用螺钉将洗墙灯固定在支架上。确保灯具安装牢固，不会因风力或其他外力而松动。

　　5）调试与测试：在调试和测试前，确保电源已关闭，以避免触电危险。打开电源开关，观察灯具是否正常工作。检查灯光是否亮起、亮度是否均匀、是否存在闪烁等问题。根据实际需要，调整洗墙灯的角度和投射方向，以获得最佳的照明效果。常见的洗墙灯及其照明效果如图 2-9 所示。

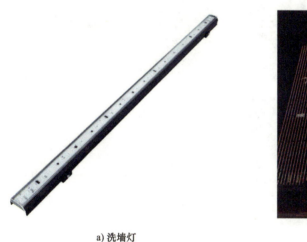 

a）洗墙灯　　　　　　　　　　　　　　b）洗墙灯照明效果

图 2-9　常见的洗墙灯及其照明效果（来源：广东侨都照明电器有限公司）

2.3.4　草坪灯

　　草坪灯是一种用于草坪周边的照明设施，也是重要的景观设施，可用于公园、花园、别墅等的草坪周边及步行街、停车场、广场等场所。草坪灯主要以柔和的灯光为城市绿地景观增添安全与美丽，同时普遍具有安装方便、装饰性强等特点。草坪灯不仅为人们在户外开展各种夜间活动提供必要的照明，还作为景观设施较好地为草坪点缀，为城市夜间添光添彩。

　　根据使用环境和设计风格的不同，草坪灯分为欧式草坪灯、现代草坪灯、古典草坪灯、防盗草坪灯、景观草坪灯、工艺草坪灯等类型。现代草坪灯采用现代艺术元素和简约式手法表现，富有现代气息；欧式草坪灯运用欧式艺术元素，展现高贵、典雅的风范；古典草坪灯使用中国古典元素进行设计，融入现代风格，展现出独特的美感；防盗草坪灯采用高分子复合材料制作，强度和腐蚀性略高于钢和铝，但价格昂贵，旨在防止偷盗；景观草坪灯主要用于草坪或公园的林荫小道等周边照明，兼具照明和景观功能；工艺草坪灯在传统草坪灯基础上融入工艺品元素，造型更为丰富，以庭院装饰为主。常见的草坪灯如图 2-10 所示。

图 2-10　常见的草坪灯（来源：江门市江海区华翔照明有限公司）

草坪灯的安装步骤如下：

1）规划布局：根据草坪的形状、大小和照明需求，合理规划草坪灯的布置位置和数量，确保照明效果均匀，不出现明暗不均的情况，同时避免遮挡视线。选择合适的安装位置，一般应安装在人行道旁边或草地的边缘，方便人们夜间通行，同时要考虑电源的接入问题，确保电源的可用性和安全性，并清理草坪上的杂物和垃圾，确保施工环境整洁。

2）预埋线管：在规划好的位置挖掘线管沟，铺设电缆保护管，并预留足够的长度以便连接灯具。

3）地基基础浇筑：在规划好的位置挖掘坑口，根据灯具尺寸和设计要求制作地基基础。地基基础底部铺设碎石以保证排水性能，然后绑扎钢筋、支设模板并浇筑混凝土。浇筑完成后，进行必要的养护，确保地基基础达到设计强度。

4）电源线穿线：将电缆通过预埋线管穿至灯具安装位置，注意保护电缆不受损伤。

5）灯具接线：打开草坪灯的灯壳，安装光源及配套电器（电器接线参照相关的电器说明书）。把引出线由穿线孔引出至灯杆底部，连接灯具与电缆，确保连接牢固并做好绝缘处理。草坪灯一定要做安全可靠的接地，应用一根不小于配电相线的电线作为接地线来连接灯具或灯柱的金属外壳，地线接系统的"地"。

6）灯具安装：在地基基础混凝土达到设计强度后，拆除模板，将草坪灯底座固定在地基基础上。安装灯具，调整角度和方向，确保符合设计要求。拧紧紧固螺栓，将草坪灯法兰与地基基础上的预埋件螺杆对齐，垂直站立。然后使用螺帽或垫片找平后即可拧紧安装螺帽。

2.3.5 水底灯

水底灯是指安装在水底的灯，外形与部分地埋灯相似，但多 1 个安装底盘。通常由不锈钢（如 202、304、316 等牌号，不同牌号适用于不同场合）、玻璃（如弧形多角度折射强化玻璃）等材料构成，部分高档灯具采用全铜材料，而低档灯具则可能使用锌合金和树脂等材料，具有良好的防锈、防水性能，还具备防腐蚀、抗冲击能力强等特点。规格一般为 $\Phi 80 \sim 160mm$，高度为 $90 \sim 190mm$。按照相关国家标准规定，水底灯必须使用安全特低电压供电，如 12V、24V、36V 等低压直流电源供电，以确保使用安全。一般安装在公园、喷泉水池、游泳馆、水族馆等场所，具有很强的观赏性。常见的水底灯及其照明效果如图 2-11 所示。

水底灯的安装步骤如下：

1）安装前的准备：灯具选型，注意灯具的防水性，确保灯具能够在水下环境中正常工作而不受损。关注灯具的供电电压和单只灯具的功耗，以匹配电源供应和满足照明需求。计算电缆线径，由于水底灯通常采用低压安全电压，但低压大电流供电会影响线路的压降，因此需要先计算好每条线路末端的压降，并提前留好冗余，以确保电压稳定。

a) 水底灯   b) 水底灯照明效果

图 2-11　常见的水底灯及其照明效果 [来源：明德莱斯科技（广东）有限公司]

2）确定安装位置：根据照明需求和设计要求，确定水底灯的安装位置和数量。

3）布置电源和隔离变压器：将水底灯供电的隔离变压器和漏电开关布置在安全区域，以防止触电事故的发生。

4）铺设电缆：根据计算好的电缆线径和长度，铺设电缆至安装位置。确保电缆铺设整齐、无破损，并留有足够的长度以备将来维修或更换。

5）安装灯具：无论是明装（支架式水底灯）还是暗装（嵌入式水底灯），都应按照说明书要求进行安装。预留 0.6 ～ 1m 的电缆线，以便将来维修或更换灯具时能够方便地提出水面。

6）连接电源和灯具：将灯具引出线接在相应电压等级的电源连接线上，确保连接牢固、无松动。对于 LED 水底灯，应采用直流恒流电源供电，以避免因恒压驱动导致的电流过大而烧毁灯具。

7）防水处理：连接完毕后，对电源接头进行密封绝缘处理，确保防水性能。使用防水胶带、绝缘套管等材料对电缆和接头进行包裹和固定。

2.3.6 护栏灯

护栏灯，也称护栏管、线条灯等，因常安装在道路护栏或其他围栏结构而得名，是由发光二极管、电路板、电子元器件、PC 塑胶外壳、防水电源等组成的一种线性装饰灯具，具有防水、防尘、防紫外线、耐高温、抗寒、环保、节能省电、使用寿命长等特性。护栏管有 D 型管和 O 型管之分，D 型管的规格主要有 D30mm、D50mm、D80mm、D100mm 等，O 型管的规格主要有 Φ50mm、Φ80mm、Φ100mm 等。通过红、绿、蓝三基色混色实现 7 种颜色的变化，可产生渐变、闪变、扫描、追逐、流水等各种效果。根据安装需要，可采用固定安装、卡子固定、绑带固定等安装方式，已广泛应用于桥梁、道路、楼体墙面、公园、城市广场等场所，特别适用于制作广告牌背景、立交桥、河湖护栏、建筑物轮廓等的大型动感光带。常见的护栏灯及其照明效果如图 2-12 所示。

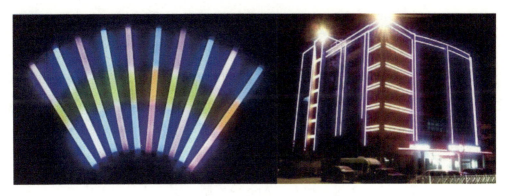

图 2-12 常见的护栏灯及其照明效果

2.4 LED 灯具的寿命

2.4.1 理论寿命

理论上，LED 灯具的寿命可以达到 5 万 h 甚至更长。这意味着在理想条件下，如果 LED 灯具每天持续点亮 24h，则可以持续使用约 5 年。

2.4.2　实际寿命

实际上，LED 灯具的寿命受到诸多因素的影响：一是使用环境，温度直接影响 LED 灯具的寿命，高温会加速 LED 灯具内部元件的老化，从而缩短其寿命，另外潮湿环境可能导致 LED 灯具内部电路短路或腐蚀，同样会影响其寿命；二是使用方式，频繁开关 LED 灯具会对其内部电路产生冲击，特别是在起动时需要较大的电流，这会加速元件的磨损，另外长时间连续点亮也会增加其内部元件的负荷；三是产品质量，不同品牌、不同型号的 LED 灯具在质量和性能上存在差异，主要考量的是驱动电源与 LED 灯珠的匹配性。

关于 LED 灯具的寿命，主要有三个概念：全寿命，即真正的实际寿命；有效寿命，即光通量维持原光通量的 70% 的时间；平均寿命，即光通量（针对大功率管）或发光强度（针对小功率管）衰减为 50% 的时间，又称为平均失效时间（Mean Time to Failure，MTTF）或半衰期。我国 GB/T 24826—2016《普通照明用 LED 产品和相关设备 术语和定义》中规定：50% 的光通量维持时间作为 LED 灯具的寿命。

2.5　智慧照明基础

智慧照明，是智慧家居、智慧城市的重要组成部分，是一种将物联网技术、大数据技术及云计算技术等数字化应用技术综合应用于照明领域的智慧化照明技术，是伴随智慧家居和智慧城市发展的必然产物。

智慧照明具有以下特点：

1）智能控制：通过按键、声音、App 等控制手段，结合相关传感器及控制系统，实现对照明设备的场景控制、声音控制及远程控制。

2）节能控制：基于应用场景和空间管理的智慧照明技术，能有效降低不必要的能源浪费，降低碳排放量，通常比传统控制系统节能约 17%～60%。

3）安全可靠控制：智慧照明系统能实时采集照明设备的关键参数，实时监控照明设备的运行情况，及时发现和处理故障，有效提升照明系统的安全性和可靠性。

4）可扩展性设计：大部分智慧照明系统都带有开放式架构和标准化接口，便于与智慧家居、智慧城市的其他信息化控制系统进行连接和集成，实现系统之间的相互组合和综合应用。

智慧照明的应用领域包括但不限于智慧家居、城市道路照明、校园照明、医院照明、商业照明。

1）智慧家居：根据活动场所的空间分布、人的活动场景设定相应的照明场景模式，实现智慧控制和节能照明，并与暖通、能源、门窗等系统组合，实现家居的智慧控制。

2）城市道路照明：能根据时间、季节、车流量等因素对照明实行智慧控制，是智慧城市的重要组成部分，并与大气检测、交通灯、监控、路牌等元素集成，开展精细化城市管理，后续还可能成为无人驾驶中信息收集的重要渠道。

3）校园照明：根据学校的不同功能区域，如教学区、宿舍区、运动区，以及教室中不同的功能布局（如讲台、学习区、杂物间），设计不同的照明场景，根据学生和教师的活动需要设置照明，实现灯具的自动开关及自动调光功能，有效降低校园照明的能耗。

4）医院照明：根据医院的不同功能区域及作息规律，设计灯具自动开关及照明场景，在满足医护人员工作照明的前提下节约能源。

5）商业照明：满足商业场所墙身及内部照明需求的同时，开展照明场景管理，兼顾安全需求，实现照明与其他系统的联动管理。

2.5.1　照明控制与调光

1. 照明控制的原理

照明控制的原理主要包括通过各种技术手段，对相关灯具及光源进行电流通断、光源大小调节、灯光颜色调节、照明方向调节、不同灯具的组合及各种照明场景的实施与管理，以达到科学与艺术的统一、功能实现与能源节能相互协调等目的。

近年来，随着大数据及云计算技术的不断发展，智慧照明控制技术得到快速发展，成为建筑信息化管理系统的重要组成部分。智慧照明控制技术主要包括系统总线技术、无线电通信技术、红外感应技术、声控技术、调光控制技术及能源管控技术等。具体功能包括语音控制、定时控制、场景控制、感应控制、远程控制、集中控制等。

语音控制：即通过语音传达指令，对灯具的开关、亮度、色温及场景进行无线控制，达到在一定距离内实现无线控制的一种新型智能控制技术。随着智能家居的发展，语音控制模块的质量不断提升、价格不断下降，已逐渐成为一种流行的照明控制方式。优点是使用者可以在适当距离范围内的任何区域控制照明；缺点是对方言、普通话较差的老人不太友好，部分模块随着使用时间变长，零部件的老化识别精度逐渐下降。

定时控制：即通过设定时间指令，对灯具实现定时开启或关闭的控制技术。定时控制主要应用于照明时间固定区域的照明，如路灯、公园照明等公共区域的照明及出租屋公共区域的照明。定时控制技术相对简单，也能一定程度上节省能源，缺点是过于机械，有些不需要照明的区域也在照明，浪费能源。

场景控制：即根据活动场所的分布及不同人在不同时段活动的照明需要，设定不同的照明场景，实现对多组灯具的快速调整。照明场景包括灯具开启的数量、每个灯具的亮度和色温，以及多灯具组合打造的环境和氛围。场景控制适用于家居照明、多功能会议室照明、宴会厅照明等。

感应控制：感应控制利用传感器技术来检测环境参数，并根据这些参数自动调整灯光的开关和亮度。常见的感应控制方式包括光感应控制、人体感应控制等。光感应控制可以根据室内光线的强弱自动调整灯光的亮度；人体感应控制则可以在有人经过时自动开启灯光，无人时自动关闭灯光，既方便又节能。

远程控制：远程控制允许通过手机、计算机等智能设备远程操控灯光。通过安装相应的应用程序或软件，人们可以随时随地控制家中的灯光，实现个性化的照明需求。远程控制不仅方便实用，还能提高生活的智能化水平。

集中控制：集中控制是指通过中央控制系统对多个照明设备进行统一管理和控制。中央控制系统可以接收来自各种传感器的数据，并根据这些数据自动调整灯光的开关和亮度等参数。集中控制可以实现对照明设备的统一管理和优化控制，提高能源使用效率和管理水平。

2. 调光技术

照明调光技术是指调节照明灯具亮度的技术，通过调节灯光的亮度，满足不同环境、不同人群及不同场景的照明需求，并通过灯光的调节，提高照明效果和舒适性。这种技术在现代照明领域中扮演着重要角色，不仅应用于家庭、办公室等日常环境，还广泛应用于商场、酒店、医院、公共建筑及工业照明等场所。

照明调光技术主要包括以下几种方式：

1）电压调节技术：通过调整供电电压来控制白炽灯的亮度。一般来说，电压越高，白炽灯的发光亮度越亮；反之，电压越低，亮度越暗。

2）脉宽调制技术（Pulse Width Modulation，PWM）：通过以一定的周期和占空比产生一个脉冲信号，控制脉冲信号的宽度来实现对灯光亮度的调节。当脉宽信号较宽时，灯光亮度较高；反之，则较低。这种方式特别适用于 LED 灯等现代光源。

3）电流调整：在一些需要高精度调光的场合，通过改变电流的大小来控制白炽灯的亮度。改变电流可以影响白炽灯中流过的电子数量，从而影响灯光的亮度。

4）直流调变交流：在某些场合，会采用直流调变交流的方式来实现灯光调光。通过对输入的直流电源进行调变，使其输出的交流电信号的波形和频率发生变化，从而调节灯光亮度。

照明调光的方式包括以下几个方面：

1）电阻调光：通过改变电阻值来改变电路中的电流，从而控制灯的亮度。这种方式简单易用，但调光范围有限且能效不高。

2）触摸调光：用户通过触摸灯具或控制面板来改变照明灯的亮度。这种操作方式简单直观，适用于家庭、办公室等场所。

3）开关调光：安装在墙壁或移动式控制面板上，通过开关的不同操作来实现照明灯的调光。一般分为按钮式和旋钮式。

4）无线遥控调光：通过无线信号远程控制照明灯的亮度。用户可以通过遥控器来调节灯光的亮度和色温，适用于大空间、远距离的照明控制。

5）智能调光：将照明灯与智能家居系统相连接，通过手机 App、语音控制等方式实现照明灯的智能调节。用户可以根据不同场景需要设置不同的亮度、色温、模式等，灵活多变且人性化。

2.5.2 智能照明系统

1. 智能照明系统概述

智能照明系统是一种利用先进电磁调压及电子感应技术，通过实时监控与跟踪供电情况，自动平滑地调节电路的电压和电流幅度，从而优化供电、提高照明效率并降低能耗的照明控制系统，是一种主要集中数字处理及网络控制等多种功能的照明控制系统，可以通过语音、手机 App 及触摸按键等多种方式对照明进行智能化控制，是物联网发展到一定程度后的智慧家居的重要组成部分。智能照明系统通常由系统单元、输入单元和输出单元组成，各单元协同工作以实现对照明设备的智能化管理。

智能照明系统主要功能包括以下几个方面：

1）智能调光与开关，系统可控制任意回路的连续调光或开关，满足不同场景的照明需求。

2）场景设置，用户可预先设置多个不同场景，如"回家""离家""会客"等，并通过遥控器或手机 App 等一键切换，实现照明效果的快速调整。

3）时间控制，根据预设的时间表自动调整照明亮度，如依据上下班时间调整亮度，实现节能效果。

4）传感器联动，可接入各种传感器（如人体感应、光线感应等）对灯光进行自动控制，如人来灯亮、人走灯灭。

5）远程控制，通过手机 App、网页平台等远程实时控制家中的照明设备，无论身处何地都能轻松管理家中照明。

6）系统联网，可与楼宇智能控制系统、智能家居系统等联网，实现更广泛的智能化管理和控制。

2. 智能照明系统的分类

智能照明系统按照应用场景分类，可分为家居智能照明系统、商业智能照明系统、工业智能照明系统和城市智能照明系统；按照系统结构分类，可分为集中式智能照明系统和分布式智能照明系统。

家居智能照明系统专为家庭环境设计,注重舒适性和便捷性,功能包括智能调光、场景设置、远程控制、定时开关等,可通过手机 App、语音助手、遥控器等多种方式进行控制;商业智能照明系统适用于商场、办公室、酒店等场所,注重节能和高效,除了基本的照明控制外,还具备能耗监测、故障报警等功能,通常与楼宇设备自控系统(Building Automation System,BA)集成,实现集中管理和控制;工业智能照明系统针对工业厂房、仓库等大面积照明需求设计,注重稳定性和耐用性,具备自动调光、分区控制等功能,以适应不同工作区域的照明需求,可采用有线和无线混合的方式,确保通信的稳定性和灵活性;城市智能照明系统用于城市道路、公园、广场等公共区域的照明管理,功能包括远程监控、故障报警、节能控制等,以提高城市照明的管理水平和节能效果,通常利用物联网技术实现远程控制和集中管理。

集中式智能照明系统中,所有控制功能都集中在中央控制器上,通过中央控制器对各个照明设备进行统一控制,优点在于控制集中、管理方便,缺点在于一旦中央控制器出现故障,可能影响整个系统的正常运行。分布式智能照明系统中,各个照明设备都具备独立的控制功能,通过通信网络实现相互之间的信息交换和协同工作,优点在于系统灵活性强,某个设备的故障不会影响其他设备的正常运行,缺点在于通信网络的复杂性和稳定性需要得到保障。

2.5.3　智能照明系统的发展历史

1. 初始阶段

在智能照明系统出现之前,照明控制主要依赖于机械开关。人们通过手动操作开关来实现对照明灯具的开启和关闭,这种方式简单直接,但缺乏灵活性和智能化。

2. 电子控制阶段

随着电子技术的发展,照明控制逐渐进入了电子控制阶段。电子元器件如继电器、电子开关等被广泛应用于照明控制电路中,实现了对照明灯具的自动化控制。

然而，这一阶段的控制仍然较为简单，主要依赖于预设的程序或条件进行开关操作，缺乏智能判断和决策能力。

3. 智能化控制阶段

1）智能化技术的引入。进入 21 世纪后，随着物联网、计算机技术、网络通信技术、传感器采集技术、自动控制技术等智能化技术的快速发展，智能照明系统开始逐渐兴起。这些技术被充分应用于照明控制系统中，实现了对照明设备的远程监控、自动调节、场景设置等功能。

2）智能照明系统的形成。智能照明系统通过集成多种智能化技术，实现了对照明设备的全面、智能化控制。该系统一般由系统单元、输入单元和输出单元组成，各单元之间通过通信网络进行信息交换和协同工作。用户可以通过手机 App、语音助手、遥控器等多种方式对照明设备进行远程控制和管理，实现个性化定制和智能化场景设置。

3）关键技术的发展。在智能照明系统的发展过程中，嵌入式系统和组网通信技术是关键技术之一。嵌入式系统使得每个照明设备都具备独立的处理能力和通信能力，而组网通信技术则使得各个设备之间能够相互连接和通信，形成一个完整的智能照明网络。

2.5.4　智能照明系统的应用案例

以广州视声智能股份有限公司 K-BUS 智能照明系统为例，K-BUS 智能照明系统是一种由现场数据总线构成的分布式控制网络照明管理系统。所有部件都内置处理器，网络中的每个部件都有一个地址，通过总线将所有部件组成一个控制网络。智能照明系统由控制部件、执行部件、监控部件和网络部件等组成。控制部件包括控制面板、触摸显示器、探测器、控制器、智能时钟、用户编辑器等；执行部件包括调光模块、开关模块等；监控部件包括通信电缆、网关等。智能照明系统可以根据需要，通过控制器和面板进行编程实现对各灯或回路的亮度控制，从而达到不同的灯光场景和系统控制效果。智能照明系统案例如图 2-13 所示。智能照明系统应用如图 2-14 所示。

K-BUS 主要控制功能

K-BUS 可控制楼宇管理装置，如照明、遮光 / 百叶圈、保安系统、能源管理、供暖、通风、空调系统、信号和监控系统、服务界面及楼宇控制系统、远程控制、计量、视频/音频控制、大型家电等。所有这些功能通过一个统一的系统就可以进行控制、监视和发送信号，不需要额外的控制中心。

| 照明 | 遮阳 | 空调暖通 | 监控 | 可视对讲 |
| 音视频 | 家电 | 电源管理 | 远程控制 | 计量 |

图 2-13　智能照明系统案例（来源：广州视声智能股份有限公司）

图 2-14　智能照明系统应用（来源：广州视声智能股份有限公司）

2.5.5　智能照明系统的发展趋势

随着信息技术、大数据技术和物联网技术的不断发展，以及人们对绿色节能的日渐重视，智能照明系统的发展呈现出多元化、智能化、集成化及绿色化的特点。

1. 智能化与自动化

智能控制：智能照明系统能够通过 LED 照明器件与控制系统结合，实现对LED 光源的亮度、色温、定时开关等参数的智能控制，甚至与其他智能设备或系统进行联动，提供更为个性化的照明和智慧家居体验。

自动控制：主要是指无感照明与人因照明，旨在通过智能技术提供更符合人体生理规律和需求的照明环境，提升居住和工作的舒适度。

2. 集成化与互联互通

系统集成：智能照明系统逐渐与其他智能家居系统、楼宇自控系统等实现更深层次的集成，形成统一的智能管理平台，提高管理效率，降低运维成本。

标准协议：随着物联网标准协议 Matter 的推出，长期困扰物联网行业的生态壁垒有望被打破，智能照明系统将更容易接入各类智能设备和平台，实现数据的互通和功能的联动。

3. 绿色化与节能化

高效节能：智能照明系统通过精确控制照明设备的开关时间、亮度等参数，有效降低能耗，实现节能减排。同时，新能源照明技术如太阳能、风能等的应用，也为智能照明系统提供了更加绿色、可持续的能源解决方案。

2.5.6　智能照明系统建设的目的和意义

1. 智能照明系统建设的目的

1）优化照明管理：智能照明系统旨在通过智能化的手段，实现对照明设备的远程控制、自动化调节及节能管理，从而优化照明管理的效率和效果。

2）提升用户体验：通过智能感应、场景设置等功能，智能照明系统能够根据不同场景和需求，自动调节照明亮度、色温等参数，为用户创造更加舒适、便捷的光环境。

3）实现节能减排：智能照明系统通过精确控制照明设备的运行，减少不必要的能源浪费，达到节能减排的目的。

2. 智能照明系统建设的意义

1）提高能源利用效率：智能照明系统能够根据环境亮度、人员活动情况等信息，自动调节照明设备的运行状态，避免长时间全负荷运行造成的能源浪费。据统计，智能照明系统的节电效果通常可以达到 30% 以上，这对于大规模应用的商业和公共场所尤为重要。

2）延长灯具使用寿命：智能照明系统通过软启动、软关断等技术，减少灯具在开关过程中的电流冲击，从而延长灯具的使用寿命。此外，系统还能通过电压限定和滤波等功能，保护灯具免受电网电压波动的影响。

3）提升照明质量：智能照明系统能够整体控制各房间的照度值，提高照度均匀性，避免频闪效应等问题，从而提升照明质量。同时，系统还能通过场景预设等功能，实现多种照明效果的切换，满足不同场景下的照明需求。

4）降低维护成本：智能照明系统采用模块化的设计和智能化的管理手段，使得照明设备的维护变得更加简单和高效。系统能够实时监测设备的运行状态和故障情况，及时发出警报并提示维护人员进行处理，从而降低维护成本。

5）增强安全性和便利性：智能照明系统还具备安全报警和应急照明等功能，能够在紧急情况下自动调整灯光强度，为人员疏散提供必要的照明支持。同时，系统还能通过远程控制、场景设置等功能，为用户提供更加便利的照明体验。

2.6　体育照明

体育照明是指专门用于体育场馆、体育训练基地及体育公园等场所的照明系统。这种照明系统不仅需要满足基本的照明需求，还需要根据不同的运动项目和场馆特点进行专业设计和优化，以确保运动员的表现、观众的观赏体验良好及场馆的运营安全。

体育照明作为专门服务于体育活动的功能性照明，其重要性不言而喻。体育照明直接关系体育设施的使用功能、安全、卫生、技术、经济等方面的问题，将直接影响体育场所设施的质量。体育照明直接关系运动员表现，良好的照明环境有助于提高运动员的专注度和反应速度，从而提高比赛成绩；同时，适当的照明还能减少运动员的视觉疲劳，降低运动损伤的风险；再者，体育照明关系观众体验，高质量的照明让观众能够清晰地观看到比赛细节，提升观赏体验。通过调节照明色彩和亮度，还可以营造出不同的氛围，增强现场氛围的感染力。

体育照明的特点：

1）高要求：体育照明在严格遵循照度、均匀度、色温等标准的前提下，还需关注赛场每个区域的水平照度、垂直照度、眩光要求，甚至照度梯度等细节，以确保比赛的顺利进行和运动员的良好视觉体验。

2）专业性强：体育照明设计需要了解体育运动规则，清楚运动员在比赛时的主要视线方向、运动方向，以及可能出现的各种情况，以避免灯光对运动员产生干扰。

3）等级划分：按照我国相关标准，体育赛场被分为6个等级，不同等级的体育场馆对照明设计有不同的要求。等级越高，需要统筹考虑的因素也越多。

2.6.1　体育照明中常用的术语和符号

照度 E：指物体被照亮的程度，采用单位面积所接收的光通量来表示，表示单位为勒克斯（lux，lx），用 E_{ave} 表示平均照度。

水平照度 E_h：水平面上的照度，用来确定眼睛在视野范围内的适应状态，并凸显目标的视看背景。

垂直照度 E_v：垂直面上的照度，包括主摄像机方向和辅助摄像机方向的垂直照度。

照度均匀度 U：照度均匀度体现场地上照度水平的变化，U_1 为最小照度与最大照度之比，U_2 为最小照度与平均照度之比。

眩光指数 GR：用于度量室外球场和其他室外场地照明装置对人眼引起的不舒适感主观反应的心理物理量。

2.6.2　体育照明的类型和分级

1. 体育场所的类型

室外体育场。室外体育场主要包括足球比赛场、田径比赛场、网球比赛场、橄榄球比赛场、棒垒球比赛场、曲棍球比赛场、射击和射箭场、马术竞技场等。室外体育场适合运动场地大、空间要求高的运动项目，通常不设顶棚而只设置四周或侧面观众看台。室外体育场的特点：一是各类运动设施（场地、器材等）和辅助设施

（座椅、照明设备、显示屏、扩声系统等）均应考虑其适应室外工作环境的特点（高温、严寒、潮湿、腐蚀、老化加速等）；二是部分安装于高处的设施，如照明设备可能需要独立的支撑和安装；三是可能受到雨雾、沙尘等气候影响，造成视看效果下降。

综合体育馆。综合体育馆通常可以举行包括篮球、排球、羽毛球、乒乓球、体操、垫上运动（如武术、摔跤、柔道、跆拳道等）、拳击、举重等多种项目的比赛。由于体育馆是相对封闭的室内环境，整体环境明显优于室外场地，各种设施不受室外气候影响。但设施的配备和布置应充分考虑适应多种运动项目的不同需求。

游泳馆和冰上运动馆。游泳馆是为举行游泳比赛、跳水比赛和花样游泳比赛设置的专业体育设施；冰上运动馆是为举行速度滑冰、短道速滑、花样滑冰和冰球比赛设置的专业体育设施。馆内空气湿度大，对设施的防水防潮性和防电击安全性要求较高，同时受泳池和冰场影响，其正上方的设施维修困难。特别是冰场上方的灯具必须具备防止光源和玻璃罩破碎后高温碎片坠落的安全措施。

专用比赛馆。一些体育比赛项目使用的场地比较特殊，与其他运动项目无法兼容，如自行车馆内赛道具有很大的倾角，运动员、裁判员的入场通道设置在场地中央；射击馆需要专门的射击区和靶位区，观众席设置在运动员身后等。

2. 体育场馆的类型分级

体育场馆的类型分级见表 2-1。

表 2-1　体育场馆的类型分级

等级	主要使用要求
特级	举办亚运会、奥运会及世界杯比赛主场
甲级	举办全国性和单项国际比赛
乙级	举办地区性和单项全国比赛
丙级	举办地方性、群众性运动会

（1）全民健身类场馆　无电视台转播级，分为Ⅰ、Ⅱ、Ⅲ类，又称为一般比赛和娱乐等级，属于全民健身的项目。一般比赛等级的体育照明适用于地区性或校园级别的体育比赛场地，如社区运动场、学校操场等。这些场地需要满足一般比赛和日常训练的需求。主要特点包括以下几个方面：

1）适度照度：提供足够的照度以支持日常训练和一般比赛的需要。

2）一定的均匀性：照明系统需要提供较好的均匀性，以确保运动员和观众在场地上有良好的视觉体验。

3）经济实用：注重经济实用性，选用较为经济的灯具和控制系统。无电视转播场馆的分级见表 2-2。

表 2-2　无电视转播场馆的分级

等级	使用功能
I	健身、业余训练
II	业余比赛、专业训练
III	专业比赛

（2）专业比赛类场馆　国家级比赛等级包括IV、V、VI。国家比赛等级的体育照明适用于国际级、全国级或地区性重要体育比赛场地，如国际足球赛场、奥运会场馆、田径赛场等。这些场地通常会有电视台转播，并需要满足高水平的照明标准。主要特点包括以下几个方面：

1）高照度：为确保高水平比赛的进行和电视转播的质量，场地需要提供高照度的照明，确保良好的可见性。

2）无阴影：避免过多阴影，确保摄像机捕捉到真实准确的比赛画面。

3）可调节性：照明系统需要具备可调节性，以适应不同比赛项目和不同摄影需求。

4）色温和色彩还原性：保持比赛的真实和准确，确保摄像机准确地捕捉比赛场景的细节和色彩。有电视转播场馆的分级见表 2-3。

表 2-3　有电视转播场馆的分级

等级	使用功能
IV	TV 转播国家比赛、国际比赛
V	TV 转播重大国家比赛、重大国际比赛
VI	HDTV 转播重大国家比赛、重大国际比赛

2.6.3　体育照明的常用灯具

体育比赛对照明的基本要求：体育比赛照明由于受到比赛空间、运动速度、试看位置和距离、电视转播等因素的影响，相比一般照明场所具有更高的要求，分别是照度和照度均匀度要求、亮度对比和炫光限制，以及光源颜色和显色性。

体育场的场地照明用光源和灯具：体育场的场地比较大，不管是将灯具安装在看台的挑棚上，还是安装在专用灯杆上，其安装位置与比赛场地之间的距离一般都超过 80m，最远的可能超过 200m。这样远的距离，这样大的被照面积，对灯具的发光强度和光束角度要求很高。发光强度不够，每个灯具在被照区域上产生的照度就不足，就需要设置更多的灯具，也就需要更多的安装位置、更多的安装支架、更多的载荷和更多的投资，光束角控制不好，被照区域之外会产生大量溢散光，也会产生较大的眩光，既影响比赛的进行和观赏，又浪费大量资源，还有可能形成较严重的光污染。对于有电视转播的比赛场地，还有光源的色温和显色性的要求。

体育照明主要使用的是 LED 光源，特点是节能，白光 LED 的能耗仅为白炽灯的 1/10、节能灯的 1/4；长寿，寿命可达 10 万 h 以上。可以工作在高速状态，节能灯如果频繁的启动或关断，灯丝就会发黑，很快会坏掉，所以 LED 灯更加安全；环保，没有汞等有害物质，LED 灯的组装部件可以非常容易地拆装；运输和安装方便，固态封装，属于冷光源类型，所以很好运输和安装，可以被装置在任何微形和封闭的设备中，不怕振动。

具体使用的灯具类型如下：

1）吊装球场灯：吊装球场灯是指专门为体育场馆，特别是户外运动场地（如足球场、篮球场、网球场等）设计的，通过吊装方式安装的照明灯具。这些灯具通常具有高亮度、长寿命、节能和防眩光等特点，以确保在夜间或光线不足的情况下，运动员和观众能够清晰地看到球场上的每一个细节。吊装球场灯的安装通常涉及以下几个关键步骤，①灯具选择：根据球场的类型、大小及照明需求，选择合适的灯具，包括 LED 投光灯、高杆灯等，以及不同功率、光效和色温的灯具；②安装位置规划：在球场周围选择合适的位置进行灯具安装，以确保整个球场获得均匀且充足的照明，通常涉及对球场形状、大小及运动员和观众活动区域的深入分析；③吊装设备准备：准备必要的吊装设备，如吊车、起重索具等，以确保灯具能够安全、准确地安装到预定位置；④灯具安装：在预定位置安装灯具支架，然后将灯具吊装到支架上，并进行必要的调整以确保照明效果最佳；⑤电气连接：将灯具的电线与电源进行连接，确保照明系统能够正常工作，通常涉及电气线路铺设、接线盒安装及电线接头处理等步骤；⑥系统调试与测试：在安装完成后，对整个照明系统进行调试和测试，以确保所有灯具都能正常工作，并且照明效果满足要求。

2）高杆灯：高杆灯是专为大型体育场馆、运动场等户外场所设计的照明设备，通常具有较高的灯杆，一般在 10 ~ 40m，采用大功率 LED 光源，具备高光效、高显色性特点，部分体育高杆灯设计为升降式，方便维护人员进行灯具的维修和更换，现代体育高杆灯配备了智能控制系统，可以根据比赛时间、天气条件等自动调节亮度，实现节能效果，同时远程控制系统还可以实时监控灯具状态，方便维护和管理。高杆灯常用于足球场、篮球场、网球场、田径场等场所，能提供充足的照明，确保比赛顺利进行，确保运动员在动作中拥有清晰的视线，提高比赛质量，提升观众的观看体验，还能提升整个球场的景观效果。高杆灯的安装步骤如下，①根据场地大小选择：灯杆的高度和照明范围应根据场地的大小进行定制，确保整个场馆都能得到充分的照明，避免产生眩光和阴影；②注意灯具质量：选择具有良好散热性能、高防护等级（如 IP65 以上）和长寿命光源（如 LED）的灯具，以提高照明效果和灯具的使用寿命；③专业安装：体育高杆灯的安装需要由专业人员进行，确保灯具的稳定性和安全性。在安装过程中，应注意灯杆与基础的连接、灯具的固定及电气连接的可靠性；④避雷与防护：由于体育高杆灯高度较高，容易遭受雷击，因此应设置避雷针和防雨罩等防护措施，以确保灯具和周围人员的安全。常见的体育照明灯具如图 2-15 所示。

a) 篮球馆专用灯　　　　　　b) 羽毛球专用灯　　　　　　c) 比赛专用灯

图 2-15　常见的体育照明灯具 [来源：绿领（广东）光电科技有限公司]

2.6.4　布灯方式

体育场所常见的布灯方式主要有以下几种：

1）四角布置：灯具以集中形式与灯杆结合布置在比赛场地四角。这种布灯方式适用于无雨棚或雨棚高度较低的足球场等。其特点包括：照明利用率相对较低，因为光线需要经过较长的距离才能覆盖整个场地；维护检修较为困难，因为灯具通常安装在较高的位置；造价较高，因为需要较多的灯具和灯杆；不同观看方向的视觉变化幅度较大，阴影较深；对于电视转播而言，要满足各方向垂直照度并控制好眩光比较困难。然而，通过调整四角位置、增加投光灯数和补充光带照明，可以在一定程度上改善这些缺点。

2）两侧布置（多杆布置）：灯具与灯杆或灯塔相结合，以簇状集中形式布置在场地两侧。这种布灯方式的优点包括：用电量较省，因为光线能够更直接地照射到场地；垂直照度与水平照度之比较好，有利于运动员和观众的视觉感受；投资较少，因为需要的灯具和灯杆数量相对较少；维护方便，因为灯具通常安装在较低的位置。

3）混合布置：两侧布置和四角布置相结合的布置方式。这种布灯方式是目前大型综合性体育场解决照明技术和照明效果比较好的一种。其特点包括：具有两种布灯方式的优点，使实体感有所加强；四个方向的垂直照度和均匀度更趋合理；但眩光程度可能有所增加，需要通过合理的配光和遮光结构来控制。在实际应用中，混合布置通常沿屋顶设置周圈马道布灯，这样可以使灯具均匀地分布在场地四周，为场地提供较为全面和均匀的照明。

4）顶部布灯：顶部布灯方式宜选用对称型配光的灯具，适用于主要利用低空间、对地面水平照度均匀度要求较高且无电视转播要求的体育馆。一般用于篮球、乒乓球、体操、曲棍球、冰上运动、柔道、摔跤、武术等运动的中小型体育馆。

5）群组均匀布灯：几个单体灯具组成一个群组，均匀布置在运动场地上空。一般用于篮球、乒乓球、体操、曲棍球、冰上运动、柔道、摔跤、武术等运动的中小型体育馆和高度相对高的大型体育馆。

6）侧向布灯：宜选用非对称型配光灯具布置在马道上，适用于对垂直照度要求较高、常需要运动员仰头观察的运动项目及有电视转播要求的体育馆。该方式一般用于羽毛球、网球、游泳等大多数室内项目，以及垂直照度要求较高的场馆，适用于有电视转播的场地。

常见体育场地的布灯方式：足球场常在两侧布灯与四角布灯；电视转播的体育场地常在场地四角灯杆布灯、场地两侧布灯与场地四角灯杆与两侧同时布灯；体育馆布灯方式常采用满天星布灯、马道侧照布灯及混合布灯。

2.6.5　体育照明的发展趋势

体育照明随着照明技术的不断发展，以及专业照明灯具与控制技术的不断革新，技术应用逐步得到普及，智能化、绿色化发展趋势越来越明显。

1）LED 照明技术的普及：LED 灯具具有高效节能、寿命长、色彩丰富等优点，使得体育照明逐渐向着高效、环保、舒适的方向发展。LED 体育照明灯在体育场馆中的应用越来越广泛。

2）智能化发展：随着物联网、大数据等技术的快速发展，体育照明将逐渐实现智能化管理。通过智能控制系统，可以实现对照明设备的远程监控、调节和故障诊断，提高管理效率和照明质量。

3）绿色环保：绿色环保和可持续发展已成为全球共同关注的话题。未来，体育照明将更加注重绿色环保，采用更加节能、环保的照明技术，降低能源消耗和环境污染。

4）个性化设计：随着人们对美学和个性化需求的提高，体育照明的设计也将更加多样化。通过独特的照明设计和艺术装置，可以打造出更具个性和特色的体育场地，为城市增添独特的文化魅力。

2.6.6　体育照明案例

案例一：天河体育中心网球场全民健身工程项目 [来源：绿领（广东）光电科技有限公司]。

天河体育中心网球场全民健身工程项目设计方案及效果图分别如图 2-16 和图 2-17 所示。

设计依据:

网球场平面图及相关
设计要求

JGJ 153−2016《体
育场馆照明设计及检
测标准》

GB/T 50034−2024
《建筑照明设计标准》

JGJ 354−2014《体
育建筑电气设计规范》

GB 50617−2010
《建筑电气照明装置
施工与验收规范》

等级	使用功能	照度 (lx)			照度均匀度						光源		眩光指数 GR
		E_h	E_{vmai}	E_{vaux}	U_h		U_{vmin}		U_{vaux}		R_a	$T_{cp}(K)$	
					U_1	U_2	U_1	U_2	U_1	U_2			
Ⅰ	训练和娱乐活动	300	—			0.5					≥65	≥4000	≤35
Ⅱ	业余比赛、专业训练	500/300	—		0.4/0.3	0.6/0.5					≥65	≥4000	≤30
Ⅲ	专业比赛	750/500	—		0.5/0.4	0.7/0.6					≥65	≥4000	≤30
Ⅳ	TV转播国家、国际比赛	—	1000/750	750/500	0.5/0.4	0.7/0.6	0.4/0.3	0.6/0.5	0.3/0.3	0.5/0.4	≥80	≥4000	≤30
Ⅴ	TV转播重大、国际比赛	—	1400/1000	1000/750	0.6/0.5	0.8/0.7	0.5/0.3	0.7/0.5	0.3/0.3	0.5/0.4	≥80	≥4000	≤30
Ⅵ	HDTV转播重大、国际比赛	—	2000/1400	1400/1000	0.7/0.6	0.8/0.8	0.6/0.4	0.7/0.6	0.4/0.3	0.6/0.5	≥90	≥5500	≤30

（表头总标题：网球场地照明标准值）

图 2-16　天河体育中心网球场全民健身工程项目设计方案

图 2-17　天河体育中心网球场全民健身工程项目效果图

　　照度等级达到专业比赛要求,需要 80 套 200W LED 灯具。解决方案:针对天河体育中心网球场,采用 80 套型号 GLX100-G200、200W 的灯具对 4 个网球场进行深化设计,照明标准达到专业比赛级别。

案例二：阳山县体育馆 [来源：绿领（广东）光电科技有限公司]。

阳山县体育馆项目实景及设计方案分别如图 2-18 和图 2-19 所示。

主馆采用 56 套 400W 灯具用于场地照明，16 套 200W 灯具用于观众席照明，12 套 100W 灯具用于应急照明，副馆采用 32 套 200W 灯具吊顶。

图 2-18　阳山县体育馆项目实景

设计依据：

篮球场馆平面图及相关设计要求

JGJ 153-2016《体育场馆照明设计及检测标准》

GB/T 50034-2024《建筑照明设计标准》

JGJ 354-2014《体育建筑电气设计规范》

GB 50617-2010《建筑电气照明装置施工与验收规范》

主馆场地设计标准　　副馆场地设计标准

等级	使用功能	照度 (lx)			照度均匀度						光源		眩光指数 GR
		E_h	E_{vmai}	E_{vaux}	U_h		U_{vmin}		U_{vaux}		R_a	$T_{cp}(K)$	
					U_1	U_2	U_1	U_2	U_1	U_2			
I	娱乐、业余训练	300	—	—	—	0.3	—	—	—	—	≥65	≥4000	≤35
II	业余比赛、专业训练	500	—	—	0.4	0.6	—	—	—	—	≥65	≥4000	≤30
III	专业比赛	750	—	—	0.5	0.7	—	—	—	—	≥65	≥4000	≤30
IV	TV转播国家、国际比赛	—	1000	750	0.5	0.7	0.4	0.6	0.3	0.5	≥80	≥4000	≤30
V	TV转播重大、国际比赛	—	1400	1000	0.6	0.8	0.5	0.7	0.3	0.5	≥80	≥4000	≤30
VI	HDTV转播重大、国际比赛	—	2000	1400	0.7	0.8	0.6	0.7	0.4	0.6	≥90	≥5500	≤30

篮球场地照明标准值

图 2-19　阳山县体育馆项目设计方案

第3章　照明设计的步骤与方法

在进行照明设计前，需要先明确设计的目标，了解客户需求；接着明确照明的空间和待照射物，选择合适的照明方式；最后选择相应的灯具。

3.1　建立业务联系，了解客户需求

与业主方或者委托方进行设计意向、设计内容的对接，了解预算、设计预期和风格。作为照明设计人员，需要了解以下信息：

1）照明工程设计的风格需求。不同收入层次、不同年龄段及不同性格的人群对设计的需求都不一样，此处需要明确客户期待的设计风格及功能需求，如此才能确定下一步的设计内容、安排设计预算。

2）照明工程设计的预算安排。不同风格设计或同一风格设计的不同层次都需要不同的预算。预算涉及灯具材质、品牌及装修风格等。

3）照明工程设计的内容。包括空间上的范围、照明设计的功能及灯光的利用。

4）照明工程设计的交货周期。设计师要充分考虑项目的交期，将方案设计周期、施工周期进行合理的规划和准备，才能更好地满足委托方的需求，也能够降低违约风险。有时候委托方对照明设计工作并不了解，预算好的时间并不足以完成整个照明设计和施工流程，就需要设计师向委托方讲明情况，另行确定交期，而不可勉强接单。

3.2　照明设计步骤

照明设计是一项将光线与建筑、物件，以及人的活动、心理需求和情绪有机结合的工作，因此照明设计方案的制定，需要明确建筑空间的类型、建筑物内部和外部需要摆放的物品、人在空间中的各种活动及人的心理需求。不过，对于不同的空间，无论是学校、工厂、运动场、道路、桥梁，还是客厅、卧室、餐厅、酒店，也无论需要的光源是什么，照明设计的步骤大致相同，分为照什么、怎么照、用什么照。

3.2.1　待照射物及空间的明确

常规的照明设计中，最常见的错误就是先选择照明灯具，然后再考虑照明灯具

是否适合安装。其实优先需要考虑的是空间属性及空间中需要照亮哪些人的活动和哪些物品，即明确需要照明的对象和活动，明确需要照亮的工作平面，然后再考虑选择什么样的照明灯具。

如何确定照明的空间里需要照什么。其实"照什么"基本可以通过空间的用途来决定，如起居室、卧室和餐厅等不同空间的用途各不相同，需要"照什么"也各不相同。需要明确空间的功能、物件的摆放及人的活动。照明空间举例如图 3-1 所示。

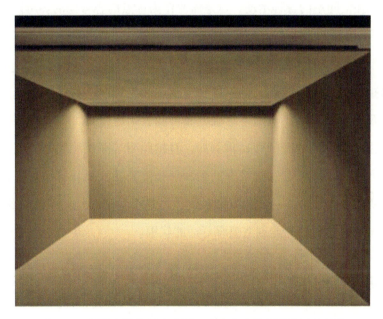

图 3-1　照明空间举例（来源：中山市安藤照明有限公司）

对于"照什么"，应考虑以下方面：

1）深入分析空间。空间分析应分为功能分析、视觉分析、物件分析、建筑特色分析、家具的用途分析及人的心情分析，当然风格分析也是考虑的范围。功能分析方面，需要清楚空间里的人在该空间内开展什么活动、空间需要配置哪些功能及功能分布如何；视觉分析方面，需要清楚空间里的人需要完成何种视觉作业、视觉作业的高度及要求如何；物件分析方面，业主希望人进入空间后，哪些东西希望别人最先看到，或者重点看到什么、吸引人注意的是什么；建筑特色分析中，业主希望哪些建筑特色需要重点突出、需要强调哪些线条灯；家具的用途分析方面，重点分析使用家具的人在家具上会进行哪些活动；人的心情分析方面，进入该空间的人希望获得怎样的心情、希望看到怎样的氛围，氛围设置是否需要多样化；风格分析方面，建筑和家具的风格需要怎样的照明予以配合。

2）空间需求优先级分析。明确空间里需要突出的重点内容和物品，明确空间里最吸引人注意的是什么，明确空间里需要突出的视觉焦点，然后对上述需要强调的物件等进行优先级分析和重要性排序。同一空间内，需要强调的物件很多，例如，客厅里的一幅画、一个花瓶，甚至是餐厅里的一张桌子，都可能是需要吸引人注意的对象。另外，人在空间里的各种活动，也是需要作为重点内容考虑的。所以，同一空间里，重点照明和作业照明，需要对其优先级进行排序，以明确空间里的主与次。

3）空间整体考虑分析。切勿生硬地把空间切割成各种不同区域设计，应充分考虑各种分区的协调性与一致性，以及各种材质的相互影响。例如，墙壁、地砖和玻璃家具，其反光不可忽略，光的不正确分布可能会引起眩光，但是部分浅色墙壁在被照亮后可以增加空间的开阔性；再例如，直接照明与间接照明的有效搭配会形成明暗搭配的氛围，天花板通过灯带等的柔和灯光使天花板显得舒服，镜子、楼梯台阶、柜子等更需要暗藏灯光透出的柔和氛围；另外，对于部分陈列柜或者实木茶几、地毯，使用柔和的直射灯光能创造温馨舒适的氛围。

3.2.2 照明方式的明确

照明的重点在于：基于空间的分析，明确功能、突出重点和营造氛围。通过基础照明、重点照明和作业照明实现上述功能，并确保各种照明的协调性，达到理想的照明效果。

1）环境照明——基础照明。基础照明是指能满足人在空间中的基本活动，如基本的走动及取物所需要的照明，基本照明确保上述活动能方便和安全地进行。基础照明除了满足基本需求外，还能对空间产生一定的影响作用。例如，明亮的空间可以使空间看起来更大、更舒适，更加体现空间的特点；另外，采用筒灯、射灯等下照式照明，把位于下部的物件、地面和墙体照亮，可以实现温暖和亲密的感觉，而采用壁灯或者灯带的间接照明，则使得空间看上去更理性、安静和宽敞。

2）特殊照明——重点照明。重点照明是将光线集中在某个区域或某个物件上，在同一区间中起突出、强调的作用，以达到吸引眼球的效果，使得每个进入该空间的人，都最先关注和留意到这个区域或这个物件，引起人们的兴趣，就像有人给你指向这里，说："看这儿，有值得你看的东西"。

3）工作照明——作业照明。作业照明就是用灯具照亮工作面、工作区域，满足各种工作或作业的照明需求。例如，阅读、写字的时候，作业面就是用到的桌面；用餐的时候，作业面就是餐桌；精密作业的时候，作业面就是操作台，这些区域，都必须根据相关的国家标准，满足作业面的照度要求。可以采用格栅灯，其具有慢散射的灯光，能确保作业面照度的均匀性，可以从正上方或侧面照射，但是要注意作业面周围的各种镜面可能产生的眩光，如通过对作业面周边的灯具位置及灯具照射方向的设置，可有效避免眩光的产生，确保作业照明的安全。防间接眩光示意如图 3-2 所示。

图 3-2　防间接眩光示意图

4）意向表达——照明距离。照明距离的不同（包括灯具与照射物的距离及灯具之间的距离），所起的作用完全不一样，会对物体表面的纹理呈现出强调或者削弱等不同的效果。例如，待照射物是墙壁，灯具的距离对墙壁表面纹理的呈现效果起着决定性作用，当灯具与墙壁的距离非常小时，灯具非常靠近墙壁，灯光会将墙壁表面的各种纹理、裂缝及瑕疵展现出来，重点突出墙面的细节；当灯具距离墙面较远时，灯光会忽略墙壁表面的细节，以呈现墙壁的整体性为主。另外，灯具与灯具之间的距离起相似的作用，距离相近的灯具能暴露待照射物表面的细节，距离较远的灯具能忽略待照射物表面的细节。因此，是否强调待照射物表面的细节，成为决定照明距离的关键因素。照明距离的影响如图 3-3 所示。

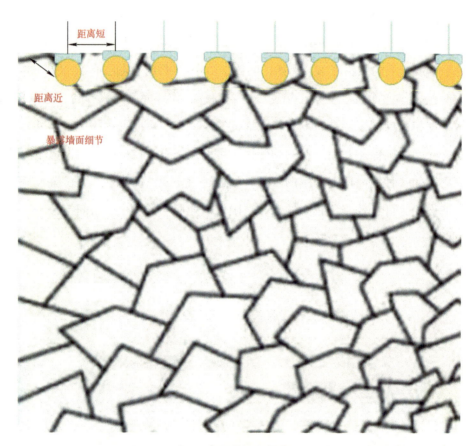

图 3-3　照明距离的影响

3.2.3　照明灯具的明确

基于空间的分析及照明方式的分析，采用合适的光源，实现希望达到的基础照明、重点照明及作业照明的预期效果，是照明设计的关键步骤。其中，除了光源的选择，光源的控制方式也是关键因素。

1. 光源的选择及配光需求

对于实现预期的照明效果，光源的选择至关重要，配光曲线、光源的色温、显色指数都与能否实现预期效果息息相关。另外，光源的选择也与项目预算关联度较高，能否在项目预算范围内达到预期效果及保证项目完成后的维护费用，都必须作为重点内容考虑。

配光曲线与光源有关，也与灯具的结构有关。首先，光源的配光曲线起决定性作用，决定了灯具光通量、发光强度等重要参数。另外，灯具的结构，如灯具的开口程度、是否有促使配光曲线反射的镜面结构及是否设置滤光片等部件，都对配光曲线产生重大影响。因此，配光曲线由光源和灯具结构共同决定。实际使用时，需要根据照射的作用及照射的对象合理选取灯具，以确保光线准确照射在目标区域，也避免产生各种光污染。

另外，光源的选择也与照明的类型息息相关。根据环境及对象分析，明确环境照明、重点照明和作业照明；根据其照明目的以及照明作用的不同，所需的光源也应有所区别；根据灯具与照明对象的距离，配光还应区分窄配光还是宽配光，需要的配光曲线区分散射还是集中，差别很大。

2. 光源的亮度选择

光源的亮度关乎受光面的照度，也关乎使用者的活动需求。另外，光源的亮度除了作业或活动的种类外，也与使用者的年龄有关，同一场合，老年人所需的光源亮度远高于年轻人，例如，65 岁老人需要的光源亮度是 20 岁年轻人的 2 倍。另外，所需光源的亮度也与照射目标物及其周边环境对光的反射情况有关，如果存在反射系数较高的物体，其过高的亮度容易造成眩光。老年人对眩光的敏感度远高于年轻人，因此也要针对使用者的年龄来控制眩光的情况。不同年龄在不同区域或从事不同活动所需的照度值见表 3-1。

表 3-1　不同年龄在不同区域或从事不同活动所需的照度值（单位：尺烛光 /10.76lx）

区域或活动	低于 25 岁	25 ~ 65 岁	大于 65 岁
过道	2	4	8
会谈	2.5	5	10
化妆	15	30	60
阅读	25	50	100
厨房台面	37.5	75	150
手工	50	100	200

3. 灯具的选择

根据配光曲线、亮度等分析，合理选择灯具，是照明设计的最后一步，也是最重要的一步，关系能否达到照明设计的预期效果和目标。另外，除了上述分析外，灯具的功率、能效也是需要重点关注的内容。总的来说，需要重点考虑以下参数：灯具效能和灯具产生的效益；灯具与视觉目标的距离，对灯具的开口要求也是作为考虑的内容；另外，灯具的智能化控制、多级控制和调光也逐渐成为越来越多客户的需求。

3.2.4 照明控制方式的选择

合理的照明控制方式，关系到照明系统的能效、使用便捷性及用户的舒适度。照明控制方式主要经历了手动控制、自动控制、智能控制共三个阶段的发展。随着信息技术的不断革新，以及用户对照明需求的日益提高，照明控制方式越来越智能化和多样化，以满足不同场景和用户的需求。

目前，主要的照明控制方式如下：

1）手动控制：通过手动操作开关来控制照明系统的开启和关闭，具有简单、直接的优点，但不够灵活，适用于小规模或固定照明系统。

2）时间控制：通过设置定时器或时钟，按照预定的时间表自动开启或关闭照明系统，适用于需要按照规定时间进行照明的场景，如街道、办公楼等。

3）光感控制：利用光感器检测环境光照强度，自动调节照明系统的亮度，能够根据自然光线的变化进行智能调节，节约能源，适用于室内外多种场景。

4）运动感应控制：通过红外传感器或超声波传感器等，感知人员的活动，自动开启或关闭照明系统，广泛应用于停车场等需要节能和安全的场景。

5）联动控制：将照明系统与其他系统进行联动，如与空调系统、人员出入系统等进行联动控制，能有效提高照明系统的智能化程度，提供更加舒适和节能的使用环境。

照明控制系统主要有两种类型。

（1）总线式智能照明系统

1）RS485 传输方式。采用 RS485 总线拓扑结构，产品间通过网线连接，线路长度有限制，但可通过网关无限扩展。

2）EIB（Electrical Installation Bus，即电气安装总线）传输方式。使用 EIB 控制线连接，总线电缆总长和连接模块数量有限制。

（2）无线智能照明系统

包括 WiFi 等无线通信技术，实现照明系统的无线控制和智能化管理，也可以采用分组控制和单独控制，通过遥控器或智能设备对多个照明单元进行分组控制或单独控制。

照明控制方式的选择主要考虑下列因素：

1）根据空间需求选择：不同空间对照明控制方式的需求不同，如家居空间可能更注重舒适性和便捷性，而商业空间则更注重能效和智能化程度。

2）根据用户习惯选择：照明控制方式应符合用户的使用习惯和需求，以提高用户的满意度和舒适度。

3）根据能效和节能要求选择：选择能效高、节能效果好的照明控制方式，有助于降低能耗和运营成本。

4）根据系统稳定性和可靠性要求选择：照明控制系统应稳定可靠，避免出现故障或安全隐患。

3.3　照明设计的基本要求

1）功能性：照明设计应满足空间的使用目的和人的活动需求。例如，办公空间需要充足的照明以保证工作效率，而家居空间则更注重温馨舒适的照明氛围。

2）舒适性：照明设计应考虑人的视觉舒适度，避免眩光、阴影和过强的光线刺激。合理的照明布局和灯具选择可以营造出舒适的照明环境。

3）美观性：照明设计应与空间的整体风格相协调，通过灯光的色彩、亮度和光影效果来增强空间的美感和层次感。

4）经济性：照明设计应考虑成本效益，选择性价比高的灯具和照明系统，同时注重节能和环保。

5）可持续性：照明设计应关注环保和可持续发展，采用高效节能的灯具和照明控制技术，减少能源消耗和光污染。

3.4　注意事项

1）避免眩光：眩光会影响人的视觉舒适度，甚至对眼睛造成伤害。因此，在照明设计中应尽量避免眩光的产生。

2）合理控制光线亮度：光线亮度过高或过低都会影响人的视觉感受和工作效率。因此，在照明设计中应合理控制光线的亮度，确保光线分布均匀且适中。

3）注重节能和环保：照明设计应关注节能和环保问题，采用高效节能的灯具和照明控制技术，合理利用自然光和照明控制系统，减少能源消耗和光污染。同时选择环保材料和灯具，减少对环境的影响。

4）考虑空间的整体风格：照明设计应与空间的整体风格相协调，通过灯光的色彩、亮度和光影效果来增强空间的美感和层次感。

5）确保安全：确保灯具和电路的安全使用，避免电气火灾和触电等安全隐患，选择质量可靠的灯具和配件，并定期检查和维护。

3.5　设计案例

3.5.1　无锡映月湖科技园照明设计案例

项目背景：无锡映月湖科技园位于无锡市锡东新城，毗邻映月湖公园，是商务区的关键产业中心。园区定位明确，致力于在"双碳"目标下建设低碳绿色的园区。

设计理念：某环境院团队以"光慧山水"为照明设计理念，结合园区建筑特色，通过"以身喻山、以景喻水、以船喻首"的照明设计策略，主要突出园区的现代化、智慧山水等特点。

设计细节：建筑立面通过水平线条的强化形成舒展的视觉体验，提供了平衡和连贯性；地块由六个不同分区形成了高低起伏的建筑群，高度的差异性为整个区域增添了丰富的层次感；建筑夜景照明设计强化横向线条的韵律，赋予建筑物独特的纹理和层次感；顶部的灯光设计采用 RGBW 灯具，并根据不同区域的建筑色彩进行设置，呈现出差异化的色彩识别度。

效果：光影的展示使建筑群在夜晚也能栩栩如生，创造出仿佛山峦起伏般的夜间景象。无锡映月湖科技园夜景如图 3-4 所示。

图 3-4　无锡映月湖科技园夜景（来源：华晓忠）

3.5.2　深圳民法公园夜景设计案例

项目背景：深圳民法公园位于深圳市龙华区中心，定位民法文化综合基地，公园设计与民法主题相呼应，形成"一环、一轴、一馆、四分区"的景观格局。

设计理念：公园借由主入口广场、民法纪念轴、中心活动区、露天剧场、民法环及民法博物馆、内湖水系、民法分编等景观节点营造出多层次的场所空间，在传达民法主题的同时为市民提供了丰富的活动空间。

设计细节：照明设计充分梳理了景观资源和结构，营造出与民法主题相呼应的夜景氛围；通过灯光的变化和布局，强化公园的景观节点和轴线。

效果：公园夜景照明设计不仅提升了公园的视觉效果，还增强了市民对民法文化的认知和体验。深圳民法公园夜景如图 3-5 所示。

图 3-5　深圳民法公园夜景（来源：朱正辉）

3.5.3　上海鲁采餐厅灯光设计案例

项目背景：鲁采（LU STYLE）是国内唯一一家以鲁菜荣膺"米其林"的餐厅，鲁采苏河湾店位于上海万象天地，面积约 1200m²。

设计理念："自然光"仿佛在暮色之后再次回到这个带有神秘氛围的空间里，通过对于两个穹顶不同漫射光的处理，营造出温暖而神秘的氛围。

设计细节：在天窗四周，暗藏的射灯会根据时钟控制缓慢次第切换，仿佛月相通过玻璃复照穹顶之内；灯光设计注重与餐厅内部装潢和氛围的协调，营造出温馨而神秘的用餐环境。

效果：灯光设计不仅提升了餐厅的视觉效果，还增强了顾客的用餐体验和氛围感受。上海鲁采餐厅照明实景如图 3-6 所示。

3.5.4　成都 COSMO-INNERCO 空间照明设计案例

项目背景：COSMO-INNERCO 是一个改造项目，以"青年磁场"和"众在参与"的全新定位再度出发，为年轻人提供一个新的社交场所。

图 3-6　上海鲁采餐厅照明实景（来源：https：//www.lightingchina.com.cn）

　　设计理念：照明设计旨在通过灯光的变化和布局，重塑"废旧空间"活力，营造出年轻、时尚、有活力的氛围。

　　设计细节：照明设计注重与空间内部装潢和氛围的协调，通过灯光的变化和布局突出空间的层次感和美感；灯光设计注重与年轻人的审美和社交需求相结合，营造出轻松、愉悦的社交氛围。

　　效果：照明设计不仅提升了空间的视觉效果，还增强了年轻人的社交体验和参与感。成都 COSMO-INNERCO 照明效果如图 3-7 所示。

图 3-7　成都 COSMO-INNERCO 照明效果图（来源：广州林墅设计有限公司）

第 4 章　照明设计理念与技巧

04

4.1 绿色照明

绿色照明，重点在于绿色节能，是指使用绿色、节能、高效、安全的照明产品，通过科学合理的设计，在提升照明质量的同时，实现高效节能、舒适的环境。绿色照明是通过科学的照明设计，采用效率高、寿命长、安全、性能稳定的节能电器产品，包括高效节能光源、高效节能附件、高效节能灯具及调光控制设备，以达到高效、舒适、安全、经济、有益环境和提高人们工作和生活质量及有益人们身心健康并体现现代文明的照明系统。完整的绿色照明包含高效节能、环保、安全、舒适等指标。

绿色照明对可持续发展具有重要意义。我国的公共场所和公共建筑中，照明所占据的能耗比例相对较高，如某个商场，照明能耗的比例可以达到 40% 以上，通过绿色照明实现的照明节能潜力非常大。

绿色照明需要注意以下设计要点：

1）绿色照明需要站在全社会绿色可持续发展的角度去理解，不能简单认为只是节能。

2）绿色照明中的节能，不能以降低照明标准来实现，必须确保功能性照明所需的照度需求。

3）实现照明节能，不能简单地理解为使用节能照明器材，而是需要综合运用智慧控制技术来实现，通过科学合理的场景控制，强化绿色照明工程的实施。

具体需要考虑的参数包括以下方面：

1）照明功率密度值：应根据相关标准设定每户照明功率密度值，确保照明系统的节能性。

2）照明设备选择：综合考虑发光效率、显色指数、能耗等级、色温、维护费用及初始成本等因素，合理选择照明设备，如 LED 灯具因其高亮度、低能耗和长寿命等特点，被广泛应用于绿色照明设计中。

3）照明控制方式：应根据实际需求选择合适的照明控制方式，如定时开关、光电自动控制器、感应开关等，以实现照明系统的智能化和节能化。

4）照明布局：应根据房间的功能和使用需求进行合理的照明布局，避免照明盲区或过亮区域，提高照明系统的舒适性和效率。

5）灯具外观与装饰：灯具的外观应与室内装饰、家具等相协调，有助于提高整个房间的美感。

在生活中，绿色照明无处不在，例如，在小区停车场及各种公共场所，通过安装智能照明管理系统，将传统灯具升级为智能灯具，并部署网关设备和管理云平台，实现远程管理、动态调亮、自动报障等功能。停车场还可以根据车流量和时间段自动调节照度，实现深度节能和按需求安全点亮。这种绿色照明设计不仅降低了能耗和运营成本，还提升了用户体验和场所的整体形象。

4.2　照明设计原则

照明设计的总体原则，既要遵循现行的 GB/T 50034—2024《建筑照明设计标准》等标准及相关法律法规，又要满足人们的审美要求，实现功能性照明与艺术性照明相统一的效果。具体来说，照明设计要遵循安全性原则、功能性原则、美观性原则及合理性原则。

1. 安全性原则

需要安装灯具的场所若有人进行活动，由于灯具属于带电使用的器具，需要严格保障空间内的用电安全，将安全防护放在第一位。实现用电安全防护，一方面，需要严格按照国家相关标准确保灯具安装的高度和规范性，采用严格的防触电安全防护措施，严格按照规范施工；另一方面，照明工程设计要安全可靠，不能出现吊装过低、线路裸露等设计安全问题。

2. 功能性原则

照明设计首要满足的是人们在空间内从事某种活动所需的灯光照度，满足各种功能的需求，确保人们在白天光线不足或夜间时能开展相应的活动，这是照明存在的主要价值。根据照明的对象不同、空间不同、功能不同，照明设计应确保选取合理的灯具、确保适当的亮度和照度、确保空间功能顺利实施。

3. 美观性原则

照明不仅能满足各种照明功能的照度，科学合理的灯光设计，将是夜间一道不可或缺的靓丽风景。灯光与造型、灯光与色彩、灯光与材质、灯光与建筑风格的相互协调，是照明设计的重要考虑内容。灯光的距离、灯光的明暗、灯光的隐现和强弱均对被照对象产生截然不同的差异效果。另外，光的进入方式不同，如散射、透射、折射、反射等投光手段，均能产生异常不同的氛围和效果。合理科学采用各种照明灯具及照明手段，将能创造引人入胜的艺术氛围和格调，提升建筑物、空间场所及被照对象的价值。

4. 合理性原则

科学合理是照明设计的重要原则，关系到能否满足功能的同时，还关系到是否会产生过多无效的光，直接影响客户后续的使用成本。照明不一定越多越好，必须在相关国家标准要求的照明功率密度值以下进行科学合理的照明设计。照明设计能够满足人们对视觉和审美的需要，使被照明对象及空间最大限度地体现实用价值和欣赏价值，实现使用功能和审美功能的统一。华而不实、画蛇添足的照明非但不能锦上添花，反而会造成能源的浪费，造成业主使用成本的升高，不合理的光的集聚甚至可能造成眩光等光污染，对使用者造成身心上的伤害。简约客厅照明如图 4-1 所示。

图 4-1　简约客厅照明（来源：中山市安藤照明有限公司）

4.3　照明设计技巧

1. 直接照明与间接照明的有效配合

直接照明是指光线能直射到达被照射对象的灯光，光线直接从灯具发出，不经过任何的反射、折射，如筒灯、射灯、吊灯。直接照明光线沿着照射方向投射，具有聚光效果的筒灯及射灯，一般会在中心部分形成光圈，并沿中心逐步变淡，形成一圈圈的光影，起强调、突出或主要照明的用途。也有部分直接照明带有散射镜面，如办公室或教室常用的格栅灯，其光线均匀地投射出去，也起主要照明作用，但光圈不明显。

间接照明是指灯具隐藏在天花板或部分遮挡物里面，光线通过天花板、墙身和其他周边的材质反射出来，形成柔和的光线，营造温馨、舒适的氛围。间接照明一般使用灯带或者灯管，置于建筑物及木装修器件的背后，不起主要照明作用，或是对天花板、电视背景墙的渲染，或是对楼梯阶梯的点缀，或是在镜子后面作为适当的补光，营造温馨、浪漫的氛围和效果。

通过直接照明和间接照明的有效配合，能实现功能性照明与艺术性照明的有机配合，满足各种空间功能照度需求的同时，创造意想不到的艺术氛围效果。

2. 利用日光

在照明灯具发明之前，自然光也就是日光是人类的主要照明来源。虽然目前照明灯具已经发展得缤纷多彩，自然光的有效利用仍是照明设计的重点，是降低能耗、推动绿色照明的重要法宝。

通常情况下，自然光没有具体的形态，需要照明设计师通过各种缝隙、管道、透光玻璃及恰当位置的开口将自然光变为具有一定形态的光束进入内部空间，作为室内照明的重要组成部分。

需要注意的是，良好的自然采光设计并非意味着需要预留大面积的玻璃窗户，需要考虑的是通过科学合理的窗户布局及分布、恰当数量的窗户实现优质的自然采光质量。另外，自然采光受地域、气候、周边建筑物及景观等诸多因素影响，需要因地制宜进行合理的设计，实现被照射空间的功能和层次分布。

　　日光利用的经典例子——朗香教堂（Ronchamp Chapel）。由建筑师勒·柯布西耶（Le Corbusier）于 1955 年完成的朗香教堂是他风格最激进的晚期设计之一。朗香教堂位于朗香村上方的一座小山顶上，是该地建造的教堂中最新的一个。屋顶的外壳和墙壁的垂直围护结构之间有几厘米的空间铺满了天窗，为日光提供了一个重要的入口。来自墙壁开口的不对称光线进一步强化了空间的神圣性，并增强了建筑与周围环境的关系。在室内，教堂的地板沿着山的自然坡度向下朝向祭坛，白色内墙、灰色天花板、Savina 制作的非洲木板凳，以及由 Lure 铸造厂的铸铁制成的圣餐台，灯光柔和而间接，从天窗和带有突出塔的粉刷墙壁反射出来。内部和外部祭坛是由来自勃艮第的美丽白色石头建造。塔楼由石砌体建造，并由水泥圆顶覆盖。教堂的垂直面用水泥枪喷上砂浆，然后在内部和外部进行粉刷。开窗以不同的程度向中心倾斜，以不同的角度让光线进入，不同大小的窗户以不规则的图案散布在墙上。勒·柯布西耶坚持开窗形状和图案并不是随机任意的，而是基于黄金分割的比例系统。窗户的玻璃有时是透明的，但通常用各种颜色的小彩色玻璃片装饰。这些染色的碎片像红宝石、祖母绿和紫水晶一样散发着光芒，就像镶嵌在墙壁上的珠宝一样。光线是大家不能触摸、不能理解、无法计算的，但是，光线是空间中非常重要的部分，它引导着人类的心灵深处的思索，从抽象的感触到对信仰的渴望，柯布西耶对光线的捕捉可以说是巧夺天工。朗香教堂外观 1～2 分别如图 4-2 和图 4-3 所示。朗香教堂内部照明实景 1～3 分别如图 4-4～图 4-6 所示。

图 4-2　朗香教堂外观 1（来源：https：//www.archdaily.cn/）

图 4-3　朗香教堂外观 2（来源：https：//www.archdaily.cn/）

图 4-4　朗香教堂内部照明实景 1（来源：https：//www.archdaily.cn/）

图 4-5　朗香教堂内部照明实景 2（来源：https：//www.archdaily.cn/）

图 4-6　朗香教堂内部照明实景 3（来源：https：//www.archdaily.cn/）

　　自然光的利用是照明设计乃至建筑设计的重要内容，是三维创作的重要组成部分。自然光的利用不应局限于满足照明标准水平，还应从舒适、明亮、艺术三个层次考虑，把自然光融入整个艺术氛围中，为建筑增"光"添"彩"。

4.4　常见场所的照明设计技巧

1. 住宅照明

住宅是人们每天生活的重要场所，特别是工作日，白天基本上不在家，在家的时间大多是从傍晚到入夜之后，因此照明成为住宅非常重要的组成部分。目前的住宅，大致分为以下几个区域：玄关、客厅、餐厅、厨房、卧室、卫生间。

1）玄关是每个人回到家的第一个区域，也是客人进入的第一印象，因此需要充分考虑光线对人生活的便利性，以及客人对住宅的印象。人在玄关处停留的时间虽然不长，但是一个明亮的光线还是很重要的。一方面，人进入玄关后有换鞋、整理仪容等照明需求；另一方面，玄关是给人的第一印象。

玄关的整体照明，光线以柔和为主，营造温馨的气氛，让归家的家人或到访的客人有温暖的感觉，切忌将强光打在家人或客人脸上，造成双方不必要的尴尬。灯具安装的位置可以选择门框的上部，要充分考虑人进来后站立的位置，确保柔和的光线照射人脸。如果有安装天花板，可以考虑用间接灯光来作为主要照明；如果有装饰品，则需要适当的局部照明，以打造舒适温馨的氛围。

2）客厅是住宅中最重要的空间之一，是家人日常生活及接待访客的重要场所，往往具备多种用途。因此照明设计方案需要根据客厅的用途，开展针对性的照明设计。另外，还应注重灯光氛围的设计，提升视觉舒适性，营造良好的氛围。

客厅照明最常用的手法是直接照明与间接照明的相互配合。由于客厅大多处于休闲状态，因此客厅的色温不宜超过 4000K。照度方面，不需要阅读的区域，照度建议在 50～200lx。电视墙可以根据设计风格安装暗藏灯带的间接灯或者下照射灯，构造电视背景墙的灯光氛围。需要阅读的区域，不建议在天花板安装各种阅读灯，可以在相关区域安装小台灯或者落地的阅读灯。并需要充分考虑灯光经墙面、地面及家具反射形成的眩光。

3）餐厅也是每天使用的场所，一方面，需要把食物看清，并且要求使用高显色性灯具，提升食物的诱人感觉，增加用餐者的食欲；另一方面，需要看清用餐者，但要避免强光打在用餐者的脸上，造成恐怖的氛围；再者，应注意色温的使用，打造温馨愉快的就餐氛围。在灯具选用方面，可以根据层高选用适当开口度的筒灯，根据环境氛围需要，也可以选择颜值高的吊灯，突出食物的主体地位的同时，增加空间的个性。另外要注意餐桌与周边环境照度的比值，切忌出现过亮或者过暗的区域，可以适当考虑在周边墙身增加下照射灯或落地灯。在造型上可以考虑单组吊灯或者多组吊灯，以空间大小、用餐人数及空间风格等多种因素决定。另外要注意，餐厅的灯光色温需要控制在 4000K 以下，切勿使用高色温光源，如白光，因为高色温光源会抑制人的食欲。常用的灯具组合包括吊灯 + 灯带、吊灯 + 筒灯及无主灯设计。

4）厨房是家庭需要烹制美食的场所，因此烹制过程的各种活动均需要适当的照度以满足作业的需求。常见的厨房中，往往在中央空间安装 1 ~ 2 个灯具，造成在烹制食物和处理食物时，人的身体刚好把光线遮挡住，这是厨房照明设计时最经常出现的错误。因此，厨房照明需要主要照明与作业照明的有效配合，在厨房中央空间安装 1 ~ 2 个灯具作为主要照明，在各个作业区域的上方安装筒灯或者暗藏的灯带作为作业照明。厨房照明主要采用白色光（常见色温 6500K），避免暖光或者冷光。与餐厅相连的开放式厨房，还要考虑两个空间的灯光整体感。

5）卧室是休息的地方，因此不能有强光和高色温的光源。宜选用色温 4000K 以下的光源，也不适合安装刺眼的射灯。另外要充分考虑卧室的各种活动及功能灯光需求，例如，阅读的需求，夜间如厕的照明需求等，适当安装地脚灯。在进入休息状态后还要考虑私密性需求。灯光的控制开关适宜安装在进入房间处或床头能方便打开的地方，为便于控制，可以考虑安装一键总控及各种场景的语音控制。涉及穿衣化妆镜的，主要注意镜前的灯光配置，切忌有强光照射人的面部，可以考虑在镜子的周边以间接光源打亮，或者在墙上、镜子旁适当安装壁灯。

6）卫生间虽然面积相对较小，但却是住宅中不可或缺的场所，虽然功能相对简单，但照明设计不合理，也会影响睡眠。一方面，需要分清白天用光与夜间用光，安装可调节的灯光，充分考虑日光的引入，确保灯光的节能；另一方面，有镜子的卫生间，要考虑照镜子及化妆等各种功能需求，切实避免人脸在镜子下产生阴影，也要避免强光打在人的脸部。可以考虑镜子周边暗藏灯带的间接照明，也可以考虑安装壁灯，确保在镜子前是柔和的光线。

2. 餐厅（营业）照明设计技巧

餐厅的照明设计需要充分考虑艺术性需求与功能性需求的有机结合。好的照明设计，对于餐厅来说是升华设计，但与餐厅定位及功能不吻合的照明设计，会充分暴露餐厅的缺点，变成是破坏性的设计。因此对餐厅来说，餐厅照明设计是重要的环节，单纯地寻求一个层面是不行的。恰当的餐厅照明设计能增加顾客的食欲，营造良好的艺术氛围，吸引人进店消费，有效提升营业额，因此餐厅照明设计具有营造空间氛围、传达空间表达及提升顾客食欲等多种功能。

餐厅照明设计需要着重考虑光线的强弱及用餐者的需求。如西餐厅，需要的光线相对较暗，在能满足看清事物及对方面部的前提下，需要强光线落入餐桌中，使用餐者处于一种身心放松的状态。而快餐厅则需要明亮的光线，因为快餐厅属于低价、快进快出的场所，希望每个桌子能快速轮换客人，较明亮的光线能给人一种压迫感，加快就餐速度。

餐厅照明设计常用的方法：

1）通过重点照明强调每桌的重要性。常用的方法是，天花板较高的餐厅使用窄角的筒灯，确保光线刚好覆盖一张餐桌；天花板不太高的餐厅则使用低压（48V以下）的吊灯，悬挂于餐桌的正上方，光线相对柔和。如此布局灯光的好处在于，每一张餐桌都能得到同样的光源，一方面，用光线切割开每个用餐空间，感觉制造了私密的用餐环境；另一方面，让每一张餐桌都具备了同样的重要性，每一张餐桌的客人都得到了同样的尊重。

2）通过照明的色调强调餐厅的属性。餐厅可以通过照明的色调进行特征属性塑造，例如，川菜系餐厅可以选择偏红的色调，强调"辣"的属性；西北风格的餐厅可以选用浅绿色色调，强调大草原气息。另外，品牌的特征及用餐群体的风格，均会影响灯光色调的选取。

3）通过显色性增强食物给人的食欲。灯光的显色性可以有效提升食物的颜色效果，从而提高用餐体验。因此餐厅中需要布局高显色性的灯具。

4）选择便于清洗的下照式局部照明。餐厅的照明方式主要选择局部照明，主要选择下照式、多头形、组合形的灯具，但灯具的款式和形态要与餐厅装修风格保持一致，确保协调、自然。切记不能使用上照式的灯具，能耗利用率不高的同时，与就餐视觉需求不吻合。另外，要充分考虑清洗的需求，建议采用玻璃、塑料或者金属材质的灯具外壳，不宜采用织、纱类灯罩或者造型复杂、有吊坠物的灯罩。

5）采用暖色光线为主。餐厅照明适合使用色温 4000K 以下的暖色光线为主的照明，切忌使用白光等高色温光线，高色温光线会给人冷淡、孤独、亢奋的感觉，不适合用餐环境使用（快餐厅除外）。另外，暖色光线有利于将中国人的皮肤照射得更美，将暖色系的菜品照射得好看，让餐具感觉更洁净，对提升用餐者的感受起到较好的效果。

3. 酒店照明设计方法

灯光对于酒店而言，是个非常重要的元素。凡是有点档次的酒店，均需要灯光的点缀。合理的照明设计，能直接提升酒店的档次和层次，给顾客最直接的好感，因此对于大多数酒店，即使是白天，灯光也是酒店的重要组成部分，可以提升装潢的层次。

酒店照明设计需要区分不用的功能区域，采用不同的照明方法，满足不同场景的照明需求，并通过灯具的形态、种类、造型、色温及照明方式，创造各种艺术风格和艺术效果，以达到功能性、艺术性、统一性、安全性的有机结合。

酒店照明，根据照明功能和照明层次，分为基础照明（整体照明）、工作照明（作业照明）和重点照明三部分。

1）基础照明（整体照明）：整体环境照明是酒店各个空间的主要照明，起满足活动所需照度的作用，因此需要提供足够的亮度和照度。根据相关标准，整体照明的照度应为 100～200lx，至少满足客人走动的需要。整体环境照明的手法很多，可以考虑使用慢散射的灯光，提升空间感之余，为客人创造温馨舒适的环境氛围。另外，外围照明或者垂直面上的照明，是整体环境照明的另一种照明方式，可以更好地明确各空间的范围，视野感更好，并创造更好的整体效果。

2）工作照明（作业照明）：工作照明也称为作业照明，是为了满足某一作业活动提供的工作照明，酒店中需要提供工作照明的区域主要是某些特定区域，如工作前台、会议室及员工的办公室等。工作照明或作业照明与整体照明相比，需要更高的照度，除精确作业区域，作业照明往往需要 300lx 的照度，部分需要精确作业的场所，需要 500lx 以上的照度。另外要注意作业区域与非作业区域的照度比值，工作照明：非工作照明的照度比值不宜超过 3∶1。

3）重点照明（突出照明）：酒店中需要重点突出的区域，均需要重点照明。酒店中需要突出的区域或者物品，如大堂入口处、花瓶、壁画等，均需要重点照明予以强调，就像是在敲黑板说，这里有值得你看的东西。重点照明需要增加景深和对比度，强调物品的形状、纹理肌理或者颜色，一般情况下，重点照明与整体照明的照度比值应达到 5∶1。因此需要谨慎使用重点照明，避免暴露出酒店中不好的东西，进行无限放大。

酒店各场所的照明如下：

① 客房。

a. 客房是酒店客人的目标场所，主要功能是供客人休息，附带少量的工作阅读区域，因此照明设计主要以温馨轻松为主，采用相对较低的照度，也要注意防眩光。根据功能和用途适当使用墙壁安装或者落地灯，如床头灯、落地灯、台灯、壁灯、夜间灯等。

b. 客房灯具宜选用色温低于 4000K 的暖色光，避免客人进入房间后处于亢奋状态，创造温馨舒适的氛围。

c. 充分考虑阅读的照明需要，切忌在床头安装直射的筒灯或者射灯代替阅读灯，可以考虑床的两边安装阅读灯，另外确保床头的照明灯具在客人就寝和看书时没有眩光和手影。为便于客人用灯，在床头伸手范围内设置开关。

d. 客房照明应注意各种眩光，重点关注因玻璃或者墙面反射引起的光过度集中导致的眩光。另外，也不适合布置过高的亮度，如写字台上的亮度不应大于 510cd/m^2，也不宜低于 170cd/m^2。

e. 客房中如果有穿衣镜和化妆镜，应注意不能在镜前出现强光。

② 大堂。大堂是酒店中特别需要照明点缀的空间，通过照明设计提升酒店大堂的格调、提升酒店的档次。大堂按功能区域主要有大堂入口、主厅、服务总台及休息区。大堂入口需要明亮的照明，一方面，给客人明确入口位置；另一方面，也让客人进入后有一种尊贵的感觉。并通过间接照明的方法，丰富空间层次，给顾客留下美好的第一印象。主厅是客人简单停留、等候、交流的场所，也是体现酒店档次，

吸引宾客入住的重要场所，在空间上更注重装饰性。为便于客人交流或在等候期间开展工作，主厅的照度需要达到300lx。另外，可以考虑搭配一些壁画，用射灯作重点照明，增强主厅的档次。服务总台区域是客人登记、服务员记录及各种业务交流的工作场所，应充分考虑工作交流所需的照度，照度应不低于300lx。另外要注意各种光亮墙面、电脑屏幕等反射产生的眩光。再者，要考虑装修风格，采用直接照明与间接照明相结合的方法，打造背景墙、工作台等主要场所的氛围。大堂休息区需要充分考虑客人休息的基本需求，因此该区域不能出现较强的光线。另外，可结合酒店风格适当考虑引入各种文化元素，如地方故事元素、人文元素等。不论哪个区域，都不能简单地隔开不同区域的照明，需要考虑不同区域的一致性。

③ 电梯厅。电梯厅区域与大堂入口一样，需要有明亮的照明，以供客人更好地找到电梯。具体照明方式，可以采用筒灯等作为功能性照明，确保该区域所需的基本照度。另外，再配合一些壁灯作为装饰性照明，营造一种舒适、温馨的氛围。

④ 通道。通道的照明以满足客人通行需求为主，以引导性和安全性为原则，照度不应低于50lx。照明以基础性照明和装饰性照明相结合，基础性照明采用直接照明，可在通道上方安装筒灯，满足通行需求。另外可考虑适当安装一些壁灯或者地脚灯，满足装饰性需求。

4. 景观照明设计

需要开展照明设计的景观主要包括建筑景观照明和植物景观照明。

（1）建筑景观照明方式

1）投光照明：投光照明是指将光线投射到被照射物的表面，光线将其完全覆盖或者部分突出，向人们展示其外貌或者纹理，意思是这里有值得观看的物品。投光照明又分为整体投光和局部投光。可以采用投光照明的对象包括建筑物外立面、建筑物内部的阳台和走廊、复古建筑的游廊和柱廊、桥梁的侧面、大型的雕塑、湖面和瀑布等水面。将灯光固定投放在建筑物的周围，能起到突出、强调、衬托等作用。

对于建筑物使用投光照明，可以选择在建筑物的下方放置投光灯，建筑物亮起来的1个立面与没有亮起来的3个立面形成明显对比，起到明暗交错的感觉，突出建筑物的立体感。

2）轮廓照明：建筑物具有很多横梁、栏杆等线条轮廓，在夜间可以通过照明将轮廓和线条突出，显示建筑物的整体形态，提升建筑物夜间的美感和吸引力。可以选择使用灯条、灯带、灯管连成线条，布局在建筑物的横梁、栏杆、门窗的框架，勾勒出建筑物的整体形状和关键线条。轮廓照明常用于相对较大的建筑物，强调建筑物形状，忽略局部细节。需要注意的是，太小的建筑物不建议使用轮廓照明，不然会出现因光线太近而引起视觉混淆的错觉。

对于建筑物，采用轮廓照明的手法，使用线条灯、灯管或者灯带把建筑物的轮廓勾勒出来，使得建筑物的形状更加突出、线条更加优美，并忽略不重要的细节，把建筑物的整体感强调出来。

3）剪影照明：剪影照明是指将光线从建筑物的背面投射出来，人在前面仅看到建筑物的边缘发出光线，就像剪纸一样，会有将建筑物的边缘剪出来的感觉。剪影照明的作用在于将建筑物的主体结构和细节进行区分，强调建筑物的外部形状，比较适用于非主题的建筑构成，也适用于一些形状特别的雕塑。

4）内透光照明：内透光照明是指在建筑物外墙采用透光材质墙体的内部安装照明灯具，光线透过墙体介质，将柔和的光线向外投射的照明方式。这种照明方式就像中秋节的灯笼，光源在内部，通过灯笼的介质，光线往外照射。能使用内透光方式的首要条件是建筑物墙体能透光，且透光的面积较大，不然无法实现内透光照明的效果。内透光照明特别适用于公园中的中小型建筑物，如湖边的亭台楼阁或者具有特别造型的玻璃建筑。通过内部透出的柔和光线，能产生静谧的气氛，也能较好地突出建筑物的轮廓。

采用内透光照明，光源在建筑物内，所有能透光材质的墙面、窗户均能透出光线。内透光照明的好处就是凸显建筑物的结构感。

5）霓虹灯式照明：霓虹灯照明是指利用霓虹灯的色彩和造型，对建筑物进行必要的装饰，以进一步创造想要的氛围和效果。霓虹灯最大的优点在于色彩丰富、造型独特、光线穿透力强，更能吸引人的眼球。但是霓虹灯切忌用得过多，色彩过多的照明只会让人产生眼花缭乱的感觉，因此建议色彩不宜超过3种，不然让人感觉就是"俗"。

（2）植物景观照明方式

1）投射照明：投射照明即灯光从植物的上方远距离地照射植物，全覆盖或者部分覆盖植物，希望达到突出植物的整体造型的作用。植物投射照明的光线可以是明亮的，也可以是柔和的，取决于照明希望达到的构图效果，也取决于植物本身的大小及风格。投射照明效果如图 4-7 所示。通过投射照明，能在夜间模拟出日落的效果。

图 4-7 投射照明效果

远距离的投射照明，配合周边的场景，可以达到意想不到的效果。例如，图 4-7 中，远距离的投射照明，覆盖湖边的一片树木，配合湖面的倒影，创造一幅类似夕阳即将下山时的情景，形成一幅夜间靓丽的风景线。

2）掠射照明：掠射照明即光线从植物的侧面沿着切线方向掠过植物的切面，强调植物的质感及形状。灯具方面通常需要选择窄发光角的灯具，并且为使切面的范围更广，有时需要光学棱镜等的配合，将光线打造成扇形光，扩大切面范围的同时，提升光线的利用率。掠射照明效果如图 4-8 所示。通过掠射照明，能将竹材的质感很好地呈现出来，表现出视觉层次及切面感。

图 4-8　掠射照明效果

掠射照明通常针对弧形面相对较大的植物群，如图 4-8 中的竹林，竹子统一由里向外倾斜，形成统一的弧面，适合通过由下向上切面照射的掠射光线。但是单光源的单束光会显得很浪费，因此适合用棱镜玻璃把光源打造成扇形光照射，展现出竹子的质感。另外值得注意的是，白天看到的竹子是太阳光下看得到的竹子，因此想还原竹子颜色的本质，除了绿色光线以外，必须补充白光，才能还原白天的效果。另外，大面积的绿光，只会给人一种阴森恐怖的感觉。

3）内透光照明：内透光照明是指在植物的内部安装灯具，光线透过植物枝丫的空隙透射出来，形成柔和的光环境，也能较好地突出植物的枝丫及细节。内透光照明适合枝丫空隙较大的植物，如树木或者草丛等。

4）剪影照明：对于植物景观的剪影照明，与建筑景观的剪影照明类似，都是从背后安装灯具，照射植物。但不同的是，植物的剪影照明，除了从植物的边缘透射出光线，还能从植物的枝丫空隙透射出光线，展现和强调植物的枝丫和轮廓。剪影照明效果如图 4-9 所示，通过剪影照明，能将植物的轮廓和形态更好地烘托出来，并在夜间起强调作用。

图 4-9   剪影照明效果

如果周边有墙面，剪影照明还能将植物的整体感很好地展现出来，着重表现植物的形态美。

（3）景观照明涉及的灯具   照明设计所画的效果图，大多采用画图软件制作，显示的效果大多依据设计师的思路进行明暗、强弱的布局，最终的景观照明落地，能否实现照明效果，需要对灯具进行严格的选择，灯具的光通量、出光角度、功率、防护等级、色温、显色性等参数，都对照明效果起着重要的作用。

1）灯具性能：灯具性能关系到照明关键效果能否呈现，例如，灯具的光通量关系到照明区域的照度能否符合目标值；灯具的照射角度关系到照明区域的面积是否符合要求；灯具的功率关系到照明功率密度等对节能照明的要求是否符合；另外，灯具的选型对建筑景观或植物景观的外形等对是否满足要求起到直接作用。

2）灯具颜色：景观照明由于景观本身具有一定的颜色，夜间均需要照明予以辅助呈现，甚至烘托或者点缀。建筑照明相对简单，往往需要暖白光或者黄光予以烘托，突出建筑本身的颜色。植物照明相对复杂，一方面，需要采用绿色来衬托植物的本色，但是大面积的绿色只会给人阴森恐怖的感觉；另一方面，白天的植物是在太阳光下看到的绿色，因此需要增加白光予以点缀，尽量恢复绿色应有的本色。如果还有其他颜色的植物，应进一步补充其他颜色的光，创造更好的整体感效果。另外，除非必要，彩色灯具一定要慎用，过多颜色的灯光，只会让人眼花缭乱，产生视觉疲劳。

3）灯具色温：景观照明中，不易采用太多高色温的灯光，如6500K高色温的白光只会给人阴冷亢奋的感觉。因此无论建筑照明还是景观照明，都适合安装4000K以下暖色温的灯具。如果有需要，还可以使用多种色温，以达到不同的照明对象层次感。

4）灯具外形：灯具外形需要根据照明对象的风格、形状予以适当选择，以白天看不见灯具本体、不破坏建筑或者植物本身的外观为基本原则，特别是不能影响景观在白天应有的效果。例如，古建筑的屋顶，尽量选用透明的管状灯具，沿着屋顶轮廓的侧方或者下方布局，夜间能很好地勾勒出屋顶的形状，白天却不能显眼地让人看到灯具。

5）安全：灯具设施本身属于电器，必须充分考虑用电安全，充分考虑电线的老化、灯具本身防水装置的寿命及灯具内部驱动等部件的寿命等引起的安全问题，为照明使用方列出各种日常维护的必要安全提醒。例如，喷水池下的照明，必须充分考虑密封圈老化的周期，提醒用户及时更换照明器材，防止照明器材因入水漏电；又例如，公园里的地埋灯，要考虑因灯具的发热问题导致的灼伤或者密封圈老化引起的漏电事故。

6）眩光：景观照明还要考虑照明周边各种材质引起的眩光问题，如路面上的大理石、各种窗户、玻璃材质物件等，均会对照明光线进行反射，引起局部光线的过度密集的可能性。因此景观照明必须对周边环境进行充分分析，以确保不会产生眩光危害。

4.5　景观照明案例

项目名称：宜兴东坡阁照明设计项目。

项目所在地：宜兴市湖父镇阳羡湖南侧。

项目面积：7000m²。

设计公司：颐可光照明设计（上海）有限公司。

照明设计说明如下：

1）宜兴东坡阁选址宜兴市湖父镇阳羡湖南侧山顶，为宜兴雅达健康生态产业园标志性景观建筑，主体建筑采用的是宋代建筑形式，由东南大学朱光亚教授设计，建成后将成为一座小型艺术馆，并捐赠给宜兴地方政府，成为公益性艺术馆。

2）整个建筑群由洞达、乾坤、仲伯三重山门及游廊等组成，在照明手法上运用光与影的视觉交错与平衡，着重表现中国古代建筑的特征，将宜兴地方文化、自然景观与游客的人文感受产生共鸣。通过营造宁静与简洁的灯光氛围，让游人有幸体会到古代诗人的心境与情怀，身心得以归入自然。宜兴东坡阁照明设计项目远景如图 4-10 所示。

图 4-10　宜兴东坡阁照明设计项目远景

1. 详细的照明技术指标（包括光源、灯具、功率、数量、用电量及照明效果）

1）本项目设计方案所涉及区域为东坡阁建筑群，由洞达、乾坤、仲伯三重山门及游廊等组成，所采用的灯具包含条形洗墙灯、明装投光灯、防水柔性灯带、地埋投光灯等灯具，灯具光源均为 LED 光源，色温均为 2700K，功率主要为 2～9W，以满足设计的节能要求。所有灯具的各项光学参数均满足相关国家标准，防护等级均为 IP67 及以上，产品均加装防眩光装置。宜兴东坡阁照明设计项目正面照明实景如图 4-11 所示。

图 4-11 宜兴东坡阁照明设计项目正面照明实景

2）本项目照明系统设计总功率为 7kW，平均功率为 $2.5W/m^2$，东坡阁包含主楼、回廊、山门、景观照明等相关部分，整个项目纳入到政府市政管理范围，将控制系统接入市政电路进行集中控制。

3）本区块整体定位为宜兴文化展示的公益性项目，体现苏东坡与宜兴文化的悠远历史和对宜兴文化的热爱。在舒适的灯光氛围下，使游客获得难以忘怀的品读艺术文化体验，项目成为园区最具代表性的文化艺术片区。宜兴东坡阁照明设计项目整体效果如图 4-12 所示。

图 4-12 宜兴东坡阁照明设计项目整体效果图

2. 照明设计理念、方法等的创新点

1）入口山门楼阁灯光氛围轻松舒缓，手法侧重于控制明暗对比、追求人工光与自然光的平衡，塑造曲径通幽、怡然自得的氛围，为游人远眺提供舒适的光环境体验。建筑灯光设计的另一个重点是以突出门洞顶部檐口为主，同时与游览者上行的视角相统一。宜兴东坡阁照明设计项目入口夜景如图 4-13 所示。

图 4-13　宜兴东坡阁照明设计项目入口夜景图

2）东坡阁的细部建筑特征是灯光所要表现的重点之一，飞檐作为中式建筑的重要特征，通过檐部灯光的烘托，增添了建筑物构型的动态美，利用灯光实现将建筑托举入夜空的视觉效果，同时可以在舒适的光环境中品鉴巧夺天工的建筑技艺细节。

3）东坡阁与庭院架有一座虹桥相接，虹桥造型古朴典雅形似飞虹，主阁中设有艺术展览馆，主题为展示宜兴的历史文化，游人在观览宜兴山水之时，也可品读宜兴的文化底蕴。

4）梁架组合形式所形成的体量巨大的屋顶，与坡顶、正脊和翘起飞檐的柔美曲线，使屋顶成为中式建筑最突出的形式特色。而在屋顶的灯光手法上，设计理念极为克制，期望呈现自然月光下的屋顶效果，减少夜空光亮，平衡主阁的整体亮度尺度，使之与整个园区的亮度相互平衡，互有特点。

5）在整个建筑群的照明手法上，运用光与影的视觉交错与平衡，让光亮与夜色相互映衬，将古建筑的文化、自然景观与游客的精神产生共情。通过营造素雅、宁静、古朴的灯光氛围，让游人体会到古人的心境与情怀，身心得以归入自然。宜兴东坡阁照明设计项目远景夜景如图 4-14 所示。

图 4-14　宜兴东坡阁照明设计项目远景夜景图

3. 照明设计中节能措施

1）灯具全部采用小功率仿古灯具、带控制的高品质 LED 户外灯具，本区域灯光在于减少夜空光亮，平衡主阁的整体亮度尺度，使之与整个楼阁组团的亮度、光色相互平衡，因此照明系统的总体能源消耗得以降低与优化，实现市政低成本的运营管理。

2）采用智能控制系统与市政管理系统并网控制，提升灯光系统的管理控制水平，控制系统设定了多种模式，实现平日、节日及重大活动、低耗能运行等多个模式，同时系统加入能耗计算、故障报警等功能，实现通过市政控制系统同步控制管理，提高了项目管理效能。

3）在整体光环境上，通过控制灯具的数量、控制光源的功率，增加灯具防眩光配件，减少对人员、环境的眩光、光侵扰和夜空光亮。宜兴东坡阁照明设计项目灯光环境 1～2 分别如图 4-15 和图 4-16 所示。

图 4-15　宜兴东坡阁照明设计项目灯光环境 1

4. 设计中使用了哪些新技术、新材料、新设备、新工艺

1）东坡阁属于宜兴雅达健康生态产业园范围，为保证整体照明效果的一致性、体现公益性文化展馆的文化艺术氛围，我们在设计中严格遵循既定的设计策略，本区域所采用的灯具同样经过多轮选型及仪器测试比选、现场样板段测试，产品必须为小型化的仿古灯具，加装防眩光装置，光学参数满足设计要求，外观颜色需与安装背景相统一，安装方式采用特制的支架，降低对建筑物本体的损害。

2）在系统设计中采用新型的智能控制系统，除了常规的模式控制、时间控制等功能，运营方能够实时进行能耗测算、故障快速应急检修、运营费用测算等管理功能。采用智能控制系统与市政管理系统并网控制，提升灯光系统的管理控制水平，实现通过市政控制系统同步控制管理，提高了项目管理效能。

图 4-16　宜兴东坡阁照明设计项目灯光环境 2

第 5 章　照明设计软件的应用

05

好的概念设计需要人们使用照明设计软件将头脑中的概念呈现出来，以供客户选择。计算机软件技术的不断发展，将原来复杂的照明设计变得简单。效果呈现的方式日新月异，目前已有多种照明设计软件供设计师选择。照明设计软件在照明设计过程中起着至关重要的作用，它们能够帮助设计师实现创意、模拟光环境、优化照明方案并制作出专业的效果图。但是，不同的照明设计软件，呈现的照明设计"真实性"各异。因此照明设计软件的选择，对照明设计的工作量、效果呈现的程度、设计的客观性及灯具选择与效果呈现的关联度息息相关。

5.1 效果图软件

效果图设计软件泛指画图类别软件，如 Photoshop、Easy Paint Tool SAI、Board-Mix 等。优点在于，画出的效果图非常好看，色彩艳丽，希望颜色浅一点就浅一点，希望颜色深一点就深一点，比拍照选择滤镜还要好看。灯光设计方面，设计师可以随心所欲，希望哪里亮一点就亮一点，希望哪里暗一点就暗一点，甚至连阴影位置都可以随意增减，至于灯具的选型和位置与灯光没有太大的关联性。这种效果图好看是好看，但实际上在施工过程中，直接按照效果图安装灯具，往往很难实现效果图里的效果，甚至差别很大。优点是比较直观，效果图也比较漂亮，缺点是照明设计全凭设计师的经验和感觉。使用 Photoshop 软件的照明设计如图 5-1 所示，可以根据设计师的喜好随意变换明暗。

图 5-1　使用 Photoshop 软件的照明设计

5.2　照明灯具品牌自带软件

像通用（GE）、飞利浦（Philips）、亮通（Liangtong）等公司的照明灯具品牌，都自带照明设计软件，优点在于使用这些品牌的灯具进行计算，结果会相当准确。但是如果不使用这些品牌的灯具，即使安装相同功率的灯具，结果都会相差很大。在计算时也无法使用其他品牌的灯具，只能选择这些品牌相近数据的灯具进行拟合。另外，一般情况下，这些品牌的软件都只有英文版本，学习起来较为困难。

5.3　专业照明软件

目前已有很多专业的照明设计软件，如 DIALux、AGI32、Relux、LightStanza、易亮照明设计软件、Ansys Speos 等，它们对于各个品牌的灯具都是开放的，计算结果相对比较准确。但是缺点在于大多数软件不是免费使用的，需要购买软件的使用权。另外，目前软件主要还是英文版本，学习起来相对比较困难，界面的操作也并不方便。灯具数据的引入相对比较困难，结果输出也不够直观。目前使用较多的有 AGI 及德国 DIAL 公司开发的 DIALux 等软件。

1）DIALux：由德国 DIAL 公司出品的照度计算软件，国内使用广泛、操作简单、插件丰富，适用于照明模拟计算，可以模拟不同的光源、灯具和照明场景，帮助设计师评估照明效果。后期开发的 DIALux evo，是在 DIALux 软件的基础上研发出的一款光环境模拟软件，在照度计算和光环境模拟上表现出色，但对电脑硬件要求较高。

2）AGI32：由美国 Lighting Analysts 公司出品，具备强大的日光分析功能，主要在北美市场使用，国内设计师多将其用于体育照明设计。

3）Relux：由瑞士 Relux Informatik AG 公司出品的照度计算软件套件，在操作上类似于 DIALux，部分功能组件收费，可以模拟各种照明场景和光源效果。

4）LightStanza：一个云端在线设计软件，可以随时随地轻松设计照明方案，便于远程协作和方案修改。

5）易亮照明设计软件：国产软件，操作简单、效果出色，适用于各种照明设计场景，能够快速生成专业的照明效果图。

6）Ansys Speos：优秀的室内照明设计工具，可以进行光学器件的设计和优化，适用于高精度和高要求的照明设计项目。

5.4 三维建模和渲染软件

三维建模和渲染软件能够帮助设计师创建复杂的三维模型，并模拟出逼真的光线和材质效果，主要在建筑模型构建上协助开展照明设计，主要有 Sketch Up、3D Studio Max 及 AutoCAD。

1）Sketch Up：界面简洁、易学易用，可以快速制作直观的三维照明设计效果图，支持在线模型库，便于设计师快速获取和使用各种模型素材。

2）3D Studio Max：Autodesk 公司出品的三维建模和渲染软件，可以模拟出接近照片级的照明效果图，适合需要制作高质量视觉效果的照明设计。

3）AutoCAD：广泛使用的工程绘图软件，可以用来绘制灯位图、线路图、安装大样图等施工图，是照明设计过程中不可或缺的工具。

5.5 DIALux evo 软件

DIALux 由德国 DIAL 公司开发，该公司成立于 1989 年，至今已在软件开发、照明设计、照明技术和楼宇自动化领域提供了多样化的服务项目。DIALux 是一款针对专业照明设计的软件，规划、计算和可视化室内与室外区域的照明，对整栋建筑物、各个空间、室外的停车位或道路照明也都适用。可以使用 DIALux 合作伙伴的真实产品来营造独特的氛围，并通过完整的照明项目说服客户。

5.5.1 DIALux evo 软件的功能

1）照明计算：根据 EN-13201 等标准计算街道照明，提供平面、垂直、横向、竖向等多种计算面，以及半圆柱体、圆柱体照度的计算面。

2）灯具设计：用户可在软件中设计灯具模型，调整灯具的几何形状和光源参数。支持灯具的可旋转部件，用户可在软件中转动这些部件以查看不同角度的照明效果。

3）场景模拟：可模拟不同季节、不同时间段的照明效果，为城市规划和景观设计提供科学依据。支持彩色光、彩色滤纸及彩色材料的模拟，实现多样化的照明效果。

4）能源消耗评估：实时评估能源消耗，帮助用户优化照明设计方案，降低能耗。

5）报表生成：可生成彩色平面图、建筑物尺寸、灯具、家具和计算面等详细报表。提供空间摘要、结果报表，以及伪色图比例尺报表。

5.5.2　DIALux evo 软件的特点

1. 面向设计师是免费的

由于德国 DIAL 公司独特的商业模式，DIALux 及 DIALux evo 面向全球的设计师免费开放。目前全球超过 80% 的照明设计师使用 DIALux 及 DIALux evo 开展照明设计，软件的用户数量达到 75 万人，每月规划项目的数量达到 90 万个，每月灯具使用的数量达到 8000 万个。

2. 面向灯具企业开放的

DIAL 公司面向全球设计师免费开放，其盈利来源于灯具插件企业，如果需要专业制定灯具插件的话，需要向 DIAL 公司支付年费。但是 DIAL 公司的格局非常大，没有制定插件的灯具，只需要导入 IES 格式的灯具配光曲线文件，即可生成该灯具，同样可以在软件中进行计算和模拟，适用于所有灯具厂家提供的灯具，支持多种灯具模型和光源参数，因此受到广大灯具企业所青睐。

3. 功能强大

DIAL 公司推出 evo（英文全称为 evolution）版本以后，功能变得很强大。如在设计室内区域，可轻松实现多楼层的同步设计，其复制功能可以快速实现楼层布局大致相同的多层建筑的快速设计。对于同时具备室内与室外区域的，可以同步实现室内外同步设计，可不同计算室内外的交互作用。在照度分布方面，可以对单一灯具进行快速预览照明效果，也可以通过伪色图快速获取照度分布信息。在各种意向表达方面，可以进行效果对比和场景对比，其"真实性"基本符合实际。可用于室内、户外、街道及应急照明的规划和设计，满足各种照明需求，支持自然光计算和灯光场景模拟，提供全面的照明解决方案。DIALux evo 效果图如图 5-2 所示。

DIALux evo 效果 1   DIALux evo 效果 2   DIALux evo 效果 3

图 5-2　DIALux evo 效果图（来源：劲文涛）

4. 简单易学

德国 DIAL 公司非常重视中国市场，专门制定了中文版本软件，以帮助中国的设计师快速学习软件的使用。虽然部分翻译与中文的理解仍有差距，但相对于其他照明设计软件来说，相对简单易学。另外，软件设计根据照明设计的步骤安排界面，从建筑的制定，到灯光的布局，再到计算元素的设计，最后到报表的输出，完全符合照明设计的步骤安排，拥有简洁直观的用户界面，降低了学习成本，提供丰富的教程和在线资源，帮助用户快速上手，让照明设计师更加简单熟练地掌握软件的使用。

5.6　照明设计软件选择

选择照明设计软件，需要明确项目设计的需求、软件具备哪些功能、目前已有的软件功能如何与是否易用和是否兼容、软件对计算机性能的要求，以及软件使用的成本。

1）明确项目设计的需求。要清楚项目的具体需求，包括照明设计的规模、复杂度、预算及时间要求，明确需要设计的区域及基本要点、需要呈现的效果等，根据上述信息确定所需软件的功能范围和性能要求。

2）评估备选软件功能。根据项目设计的需求分析，充分评估照明设计软件能否满足项目需求，具体包括：①照明模拟与计算，确保软件能够精确模拟光线分布、照度等关键参数，并支持多种照明标准和计算方法；②绘图与布局，备选软件应具备强大的绘图功能，能够轻松绘制平面布灯图、线路图等施工图；③效果渲染，选择能够创建高质量照明效果图的软件，以便更好地展示设计成果；④后期处理，考虑软件是否提供丰富的后期处理功能，如色彩调整、阴影处理等，以满足精细化的设计需求。

3）考虑易用性与兼容性。充分评估软件的易用性，选择界面友好、操作简便的软件，以降低学习成本和提高工作效率。另外，考虑软件的兼容性，确保软件能够与其他常用设计工具（如三维建模软件等）无缝对接，以实现多专业协同设计。

4）了解软件成本。软件成本包括购买成本、培训成本及维护成本。根据预算考虑购买价格适合的软件，充分考虑软件的学习和培训成本，了解软件的更新和维护成本，包括软件升级、技术支持和售后服务等。

第6章　照明设计软件 DIALux evo 的设计应用

06

6.1　软件界面操控

DIALux evo 作为面向设计师免费、面向灯具厂家开放的专业照明设计软件,越来越受到设计师及灯具厂家的青睐,成为国内重要的照明设计软件工具。因此,从事 LED 照明工程设计与施工的相关岗位,必须要掌握软件的使用技巧。

6.1.1　总体设计步骤

1. 初始设置与界面了解

启动与反馈:初次启动 DIALux evo 后,会出现反馈请求,用户可根据个人需求选择是否提供反馈。

欢迎界面:反馈后,进入欢迎界面,用户可以选择"添加新的建筑物""户外和建筑物设计"等选项,或进行快速规划。

界面了解:DIALux evo 具有简易模式和专业设计模式,包含功能选项、工具选项、CAD 视图选项和显示选项四个工作区。用户需熟悉各区域的功能和操作方式。

2. 创建设计案

新建或打开设计案:用户可以选择新建设计案,或打开已有的设计案进行编辑。

设定标准:在"设定"菜单中,用户可以设定空间的标准,如办公室、教室等,并调整相关属性。

在使用前,需要对软件进行设置,单击软件左上角的"文件"按钮,在"设置"中选择"标准设置"进入设置界面。由于该软件中没有相关的中国国家标准,需要新建一个标准,标准的数值可参考《建筑照明设计标准》(GB/T 50034—2024) 中的相关值。软件默认的场所里也没有常用的场所(如卧室、客厅等),需要新建一个场所,并修改相关属性。

3. 建造建筑物与室内空间

绘制建筑物:在"设计作图"模式下,使用"建筑物和户外规划"工具,通过拖动鼠标在 CAD 视图中绘制建筑物的外观和地板组件。

创建室内空间：在建筑物内部，用户可以创建一个或多个室内空间，并设置其尺寸和属性。

4. 放置门窗与空间组件

放置门窗：在"建筑物开口"工具栏中，选择合适的门窗类型，通过拖动或输入位置的方式置入门窗。

放置空间组件：利用"空间组件"工具栏，用户可以放置斜坡、方形柱、圆形柱、平台、平面天花板等组件。

5. 插入家具及物件

选择家具及物件：在"家具与对象"工具栏中，用户可以选择需要的家具及物件，如办公家具、装饰品等。

放置与编辑：将选定的家具及物件拖放到设计案中，并对其进行移动、旋转、缩放等操作。

6. 赋予材质与颜色

选择材质：在"材料"目录中，用户可以选择或编辑材质的颜色、类型、反射度、透射度等属性。

应用材质：将选定的材质应用到设计案中的表面，如墙壁、天花板、家具等。

7. 布置灯具与照明设计

选择灯具：在"灯光"工具栏中，用户可以选择合适的灯具类型，并设置其属性。

布置灯具：将选定的灯具拖放到设计案中的适当位置，并根据需要进行调整。

设置灯光场景：创建不同的灯光场景，以模拟不同的照明效果。

8. 计算与结果预览

进行计算：单击"计算"按钮，软件会根据设定的参数和灯具布局进行计算。

结果预览：计算完成后，用户可以查看照明效果预览图，并调整相关参数以优化照明效果。

9. 导出与报表

导出设计案：将设计案导出为特定格式的文件，以便与其他软件或团队成员共享。

生成报表：根据计算结果生成详细的照明设计报表，包括照度值、灯具布局图等信息。

6.1.2 进入软件

打开 DIALux evo，软件提供了快捷开展设计的渠道，左边一列可以选择添加文件，可以直接开展户外和建筑设计，可以选择导入图纸，也可以选择开展室内设计、道路照明和简单室内规划，省去进入软件界面后初始化的 1 ~ 2 个步骤。DIALux evo 进入软件界面如图 6-1 所示。

图 6-1 DIALux evo 进入软件界面

6.1.3 软件界面

软件界面根据照明设计的步骤自左向右进行设置，符合照明设计的习惯，因此用起来非常便捷。DIALux evo 软件界面如图 6-2 所示。

1）第一列（最左边）是设计案，可以设置公司的 Logo、名称、地址、电话等信息，还可以对项目的摘要进行简单描述，阐述项目的设计内容、设计要求、设计理念和风格及设计希望达到的效果等。设计案如图 6-3 所示。

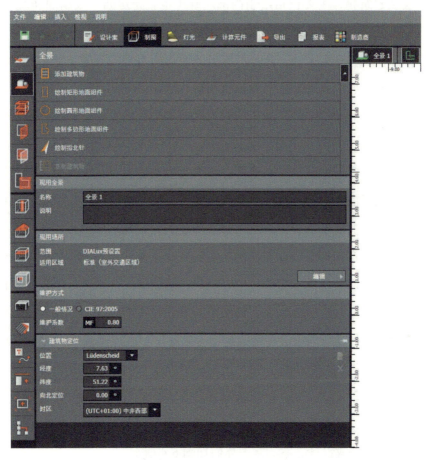

图 6-2　DIALux evo 软件界面

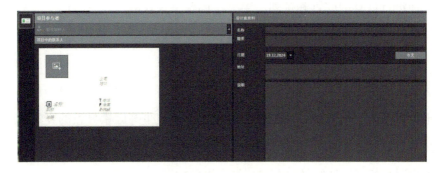

图 6-3　设计案

2）第二列是制图，主要开展建筑设计工作。该栏目也是充分考虑建筑设计的基本步骤而设定的工作窗口，最上方是导入图纸（如果在进入软件时已导入，可以忽略这个步骤）；接着是全景部分，包括添加建筑物、绘制地面组件、绘制指北针等；接着是楼层及建筑物，主要包括绘制内部轮廓（也就是房间）及添加和复制楼层；然后是门窗部分，有放置和添加门窗两种方法，也提供一键替换所有门窗的快捷方式，另外，可以载入日光文件，充分考虑日光下门窗引入的光源；如果选择了室外建筑的话，接着还可以设置外立面的建筑构件；然后是空间组件，空间组件可以理解为非家具类物件的建筑构件，属于建筑的组成部分，需要与家具及物件部分的构件区分，有长方形、圆形及多边形可以选择；接着是屋顶的选择，有平顶、单坡、双坡、四坡、帐篷等各种屋顶可以选择；接着可以制作天花板，有置入和绘制两种方式，置入方式直接覆盖整个屋顶，绘制方式可以绘制自己想要的形状和风格；然后是剪裁片段，该功能可以直接去除不想要的建筑，最常用的是楼层与楼层之间的楼梯口，可以直接在楼板中用裁剪片段功能实现；接着是家具及物件，是室内外需要放置的物件，可以置入单个物件，也可以用排列的形式一次性放入多个物件；物件放置后，接着可以对建筑的墙面、地面及家具物件进行材质的设定，以确保材质和反射系数符合实际，当周边已有相关材质（如窗户上的玻璃），可以直接选择挑选材质；接着可以设置多种辅助线，还可以输入文字；针对复制工作，提供了多种复制方式，可以沿着辅助线复制、可以圆形复制等；接着软件提供了保存视图的快捷方式，便于及时记录各种设计情况；最后是摘要部分，可以对各个空间及物件进行快速标注和命名，修改设计方案。制图界面如图 6-4 所示。

3）第三列是灯光，用于开展照明灯光设计。需要先进入第二项选择光源，然后进入第一项进行灯具的放置和排列。第三项调整接头仅对可以旋转的射灯有用，可以通过靶向快速调整照明方向。第四项滤色片可以调整灯光的颜色。接着灯光场景可以针对使用情况设置各种场景，也就是可以设置每个场景下每个灯的照明输出比例，以达到节能的目标。然后可以设置工作面，考察工作面的照度分布情况。接着可以设定维护系数，也就是灯具因使用过程中粘上灰尘等因素导致的光通量输出的系数。接着可以放置能耗探测器，检测能耗是否符合规定。灯光设置栏同样提供了辅助线的绘制及各种灯具的复制方式。灯光界面如图 6-5 所示。

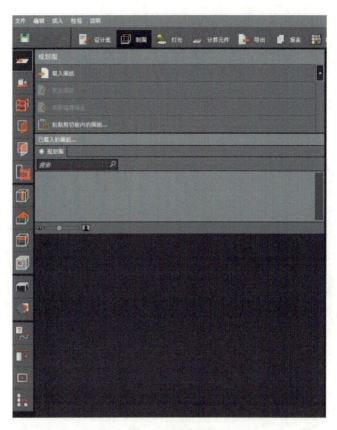

图 6-4　制图界面

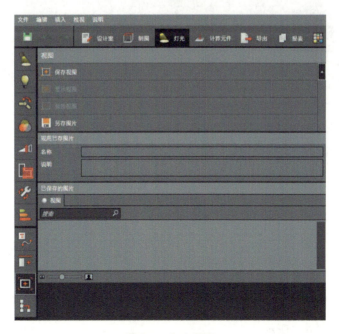

图 6-5　灯光界面

4）第四列是计算元件，也就是在照明设计中，会将哪些区域及工作面作为重点考察的区域或对象。可以进行各种形状的计算元件设置，可以考察各个计算点、计算面的照度分布情况，可以单独考察水平照度、直角照度、垂直照度、眩光值、统一眩光值等参数，如果涉及体育场所或其他可能进行拍摄录像的场所，还可以考察摄像机导向照度。计算界面如图 6-6 所示。

图 6-6　计算界面

5）接着是导出，可以导出想要的视图。另外，为了让玻璃材质及各种反光物件更真实，软件提供了光线追踪，追踪后的视图会显得更加逼真。导出界面如图 6-7 所示。

6）最后是报表，可以设置想要显示在报表的相关内容，并导出各种格式的报表。报表界面如图 6-8 所示。

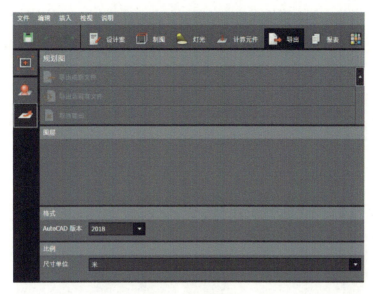

图 6-7　导出界面

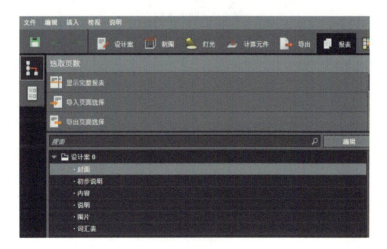

图 6-8　报表界面

6.2　单个图纸单个建筑设计

建筑设计需要在"制图"栏完成。单个建筑设计的操作步骤如下：

1）载入图纸：首先，载入图纸后需要设置坐标原点，坐标原点设置很关键，涉及后续放入物件和灯具的坐标设定；其次，需要设定图纸的单位尺寸，注意输入图纸单位后，单击检查长度按钮，测量图纸的长度，观察图纸建筑尺寸是否与实际相符，如果不符合实际，则输入的图纸单位有误，需要根据实际调整。载入图纸如图 6-9 所示。选择 DWG 格式图纸如图 6-10 所示。设置坐标原点如图 6-11 所示。

图 6-9　载入图纸

图 6-10　选择 DWG 格式图纸

2）添加建筑物：单击全景菜单的添加建筑物，根据图纸的外部轮廓，完成建筑物的外形建设。如果建筑物外部轮廓有任何的位置错了，可以按下键盘上的 Esc 重新绘制，也可以单击右键，添加点或删除点。注意，对外部轮廓进行修正只能在添加建筑物的窗口下进行。另外也要注意，沿着最外部的实线绘制建筑物外部轮廓，虚线一般表示屋檐的投影。添加建筑物操作 1~2 分别如图 6-12 和图 6-13 所示。

图 6-11　设置坐标原点

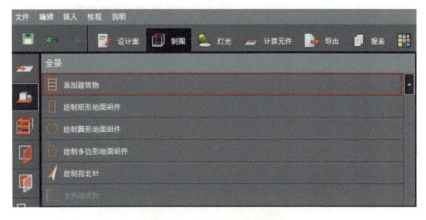

图 6-12　添加建筑物操作 1

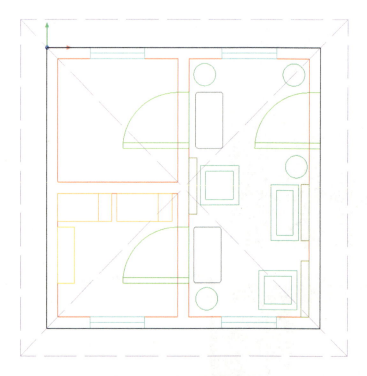

图 6-13　添加建筑物操作 2

3）设置建筑物高度：完成建筑物外部轮廓后，需要进入"楼层及建筑物制图"菜单，设置建筑物的高度。设置建筑物高度如图 6-14 所示。

图 6-14　设置建筑物高度

4）绘制内部轮廓：在"楼层及建筑物制图"菜单里，单击"绘制内部轮廓"，根据要求设置对应的内部空间，单个空间绘制完毕后，单击右键"关闭多边形"。注意单击"绘制内部轮廓"按钮后，会一直保持绘制内部轮廓状态，最后一个内部空间绘制完毕后，需要按下键盘的"Esc"结束绘制内部轮廓状态。如果内部轮廓画错了，可以在内部轮廓的界面中，单击右键"添加点和删除点"进行调整。房间的名字会默认成"空间 1""空间 2""空间 3"等，如果需要修改，可以到摘要菜单栏，找到相应的空间，双击左键后修改。绘制内部轮廓如图 6-15 所示。

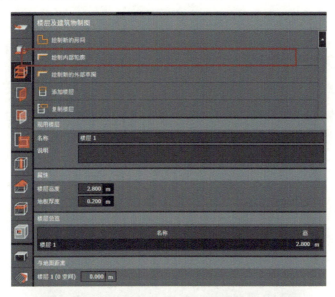

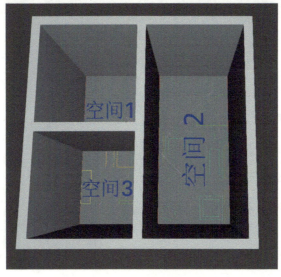

图 6-15　绘制内部轮廓

5）添加门窗：完成内部轮廓后，根据图纸要求进行添加门窗，具体在"门窗"菜单栏。添加门窗时，有"添加门窗"和"放置门窗"两种方式，"添加门窗"可以根据图纸门窗的两个端点绘制，基本实现一步到位；而"放置门窗"则直接放入已设定好尺寸的门窗，因此需要提前设置好门窗的尺寸，并且要找到门窗的中心点来放置，放置后可以通过右键选择"比例"，对放置的门窗进行调整大小。注意门的放入方式，以及左开还是右开的区别，在内墙放置门，会自动形成门框。另外窗台高度设置为 0，即为落地窗。添加门窗如图 6-16 所示。在内侧添加门墙放置，会自动形成门框如图 6-17 所示。

图 6-16　添加门窗

6）建立屋顶：门窗放置完毕后，需要放置屋顶。屋顶分为单坡屋顶、双坡屋顶、双重斜坡的四边形屋顶、四坡屋顶、帐篷式屋顶、平屋顶、斜脊四坡屋顶及蝴蝶形屋顶，需要先选择屋顶的类型再进行放置。屋顶有两种放置方式，分别是"自动放置屋顶"和"绘制屋顶"，"自动放置屋顶"简单便捷，适用于屋顶为单一屋顶；对于屋顶包含两种或以上的结构，需要分部绘

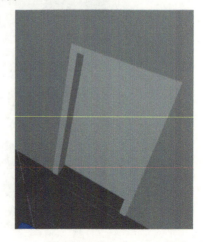

图 6-17　在内墙放置门，会自动形成门框

制,则选择"绘制屋顶"。屋顶的高度设置后,能将多余的墙身压下去,因此放置一定要超出建筑物的边缘,否则会出现部分墙身高于屋顶的不合理情况。在导入的 CAD 图中,一般屋顶的边沿以虚线表示。除了直接放置的平屋顶外,注意其余屋顶都需要设定屋顶的起始位置高度,不设定的话,坐标第 3 项(即高度)会默认为 0,也就是从地面开始放置屋顶,出现图 6-19 中的现象,同时也需要设定屋顶的斜度,否则默认的 43° 是不合理的。建立屋顶如图 6-18 所示。没有设定屋檐的高度,默认从地面高度开始放置如图 6-19 所示。设置屋顶起点和坡度如图 6-20 所示。

图 6-18　建立屋顶

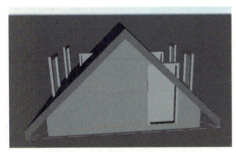

图 6-19　没有设定屋檐的高度,
默认从地面高度开始放置

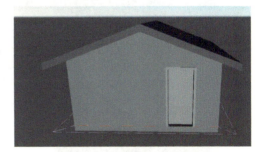

图 6-20　设置屋顶起点和坡度

7)绘制天花板:单击"天花板"菜单栏,可以设置天花板。绘制天花板需要进入具体的空间(内部轮廓)内设置。天花板的设置有两种方式,分别是"置入天花板"和"绘制天花板"。"置入天花板"会直接将屋顶全覆盖一层平的天花板,对于本来就是平顶的房屋来说,不符合实际,因此不推荐使用"置入天花板",需要根据实际进行绘制。绘制天花板时，如果考虑放置灯带，需要内缩 20cm 以上，预留内置灯带放置的位置，绘制时需要考虑天花板的宽度大于内缩的宽度。绘制天花板如图 6-21 所示。置入天花板模式放置的天花板如图 6-22 所示。内缩形成的天花板暗装槽如图 6-23 所示。

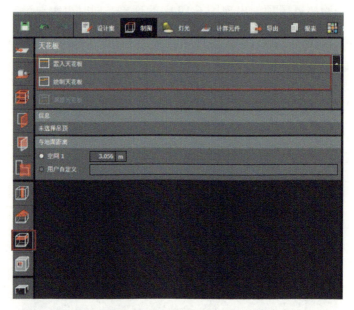

图 6-21　绘制天花板

图 6-22　置入天花板模式放置的天花板

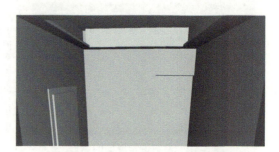

图 6-23　内缩形成的天花板暗装槽

8）放置室内家具及物件：根据图纸要求放置室内家具及物件。家具及物件在"家具及物件"菜单栏选择，对象目录中一共有家居家具、办公家具、卫生间、店面设计、外部规则、道路规则及其他等 7 个类别的家具及物件供选择。在对象目录寻找家具及物件操作 1～2 分别如图 6-24 和图 6-25 所示。

图 6-24　在对象目录寻找家具及物件操作 1

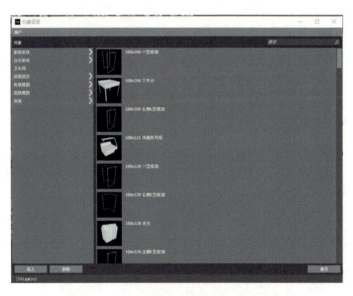

图 6-25　在对象目录寻找家具及物件操作 2

　　软件提供的家具及物件主要起装饰作用，相对较为粗糙，人物、盆栽等均是单面纸片，优点是占用较小的内存，缺点是欠缺美观性。粗糙的纸片人及纸片植物如图 6-26 所示。

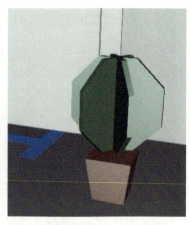

图 6-26　粗糙的纸片人及纸片植物

另外，可以使用 3D studio Max 等软件自行制作家具及物件，然后通过"家具及物件"菜单中的"添加文件夹"引入制作的模型所在的文件，再放置到相应的位置，优点是好看、逼真，缺点是占用较大的内存、对计算机的性能要求较高。可以尝试在房子户外增加一块门前停车场，具体是选择全景视角，在平面图中，使用"绘制矩形地面组件"，位置第三项（高度）设置为 0，尺寸项第三项（厚度）设置为 0.1左右（与实际相符的厚度），然后在增加的停车场中放入 3ds 格式的汽车。在物件菜单栏添加文件夹如图 6-27 所示。选取存放 3ds 格式文件的文件夹如图 6-28 所示。选择 3ds 格式文件如图 6-29 所示。置入单个物件如图 6-30 所示。在平面图右键旋转及移动调整位置和方向如图 6-31 所示。

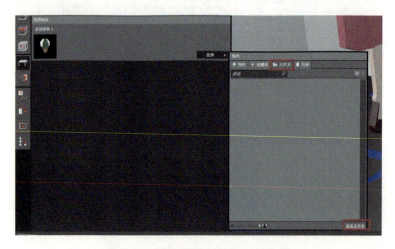

图 6-27　在物件菜单栏添加文件夹

图 6-28　选取存放 3ds 格式文件的文件夹

图 6-29　选择 3ds 格式文件

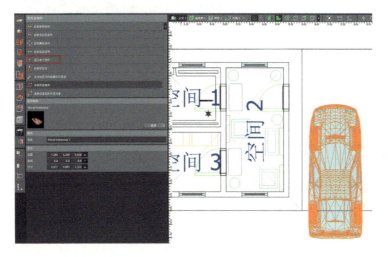

图 6-30　置入单个物件

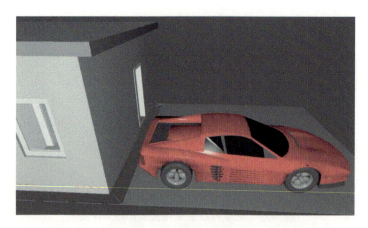

图 6-31　在平面图右键旋转及移动调整位置和方向

　　单个物件的放置方式有"置入单个物件"，多个相同的物件可以考虑以排列的形式置入，分别是"绘制矩形排列""绘制多边形排列""绘制圆形排列""绘制直线排列"。注意放置家具及物件时，需要进入相应的空间内再进行放置，否则放置的家具及物件可能出现在屋顶。置入家具及物件的方式如图 6-32 所示。

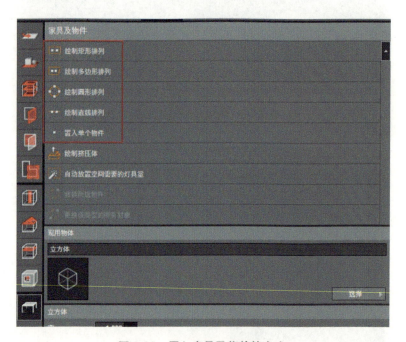

图 6-32　置入家具及物件的方式

　　对于相同的物件需要全部替换为另一种物件，可以通过键盘上的"Shift"选中多个物件后，单击"替换所选物件"一键替换。对于放入的物件大小需要调整的，可以右键选择"比例"进行大小调整，位置不正确的，可以通过右键选择"移动""旋转"等方式进行调整。尺寸不对时，可通过右键选择"比例"调整上、下、左、右尺寸如图 6-33 所示。通过键盘上的"Shift"选中多个物件后一键替换物件如图 6-34 所示。

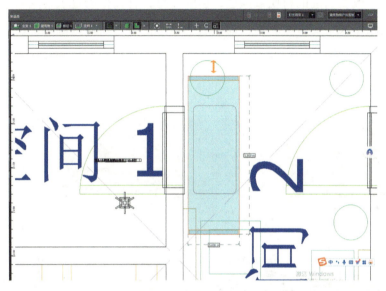

图 6-33　尺寸不对时，可通过右键选择"比例"调整上、下、左、右尺寸

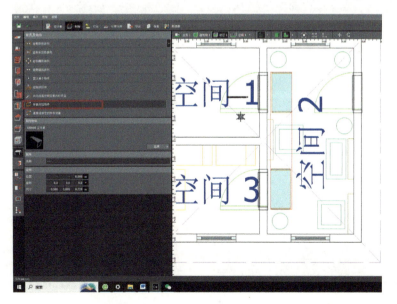

图 6-34　通过键盘上的"Shift"选中多个物件后一键替换物件

9）材质设置：单击"素材"菜单栏，在"现用素材"右下角，单击"选择"键，曾用过的素材会显示在"素材"一栏，新的素材需要在"目录"中选取，分别有"材料目录"和"色彩目录"，修改建筑常用"材料目录"内的材质，修改家具颜色及灯光颜色常用"色彩目录"内的额度颜色。材质或颜色选中后可以直接拖动到相应的位置来改变当前的材质或颜色，但要注意，直接拖动过去会默认当前空间内所有的面都赋予这个颜色或材质，如果只对单个面改变材质或颜色，需要按下键盘上的"Shift"。"材料目录"和"色彩目录"如图 6-35 所示。选中材质直接拖动到相应的位置修改材质如图 6-36 所示。

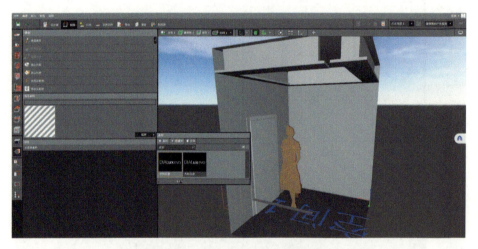

图 6-35 "材料目录"和"色彩目录"

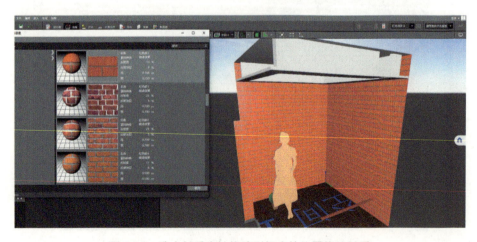

图 6-36 选中材质直接拖动到相应的位置修改材质

　　部分材质可以单击"挑选素材"快速选取，如玻璃材质，最快捷的方法是从窗户玻璃上直接"挑选素材"。挑选窗户玻璃材质设置玻璃挡板如图 6-37 所示。

图 6-37　挑选窗户玻璃材质设置玻璃挡板

　　另外，素材库里没有的，如壁画、卷闸门外观等，可以单击"建立材质"从外部文件夹导入，对于材质库缺失的色彩，可以单击"建立色彩"自行设计颜色。外部导入的材质，特别是对单个尺寸有要求的，如壁画和卷闸门，要注意先调整材质的大小，否则会出现如壁画或卷闸门重复、不符合实际的现象。建立材质做壁面如图 6-38 所示。

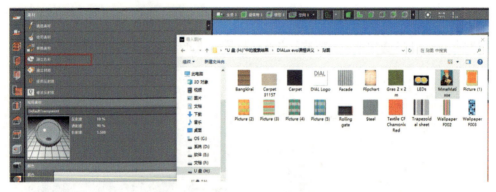

图 6-38　建立材质做壁画

单个图纸软件操作练习：请根据本书配套的《任务实践册》中的"小房子照明设计"进行单个图纸的练习，完成设计任务。软件需要使用 DIALux evo 9.2 以上的版本。

6.3　多个图纸设计

1）载入第二个图纸：在规划图菜单中，载入第二个 CAD 图纸，当然第二个图纸需要包含第一个图纸，也就是第一个图纸是第二个图纸的一部分，同样需要注意正确设置图纸单位。载入第二个图纸如图 6-39 所示。设置新的坐标原点如图 6-40所示。选择新图纸的单位如图 6-41 所示。

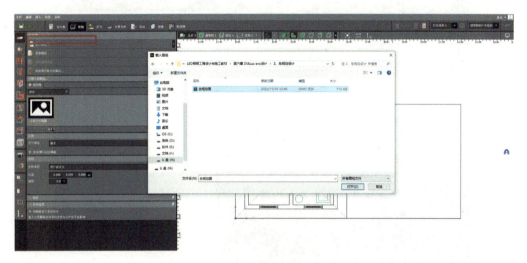

图 6-39　载入第二个图纸

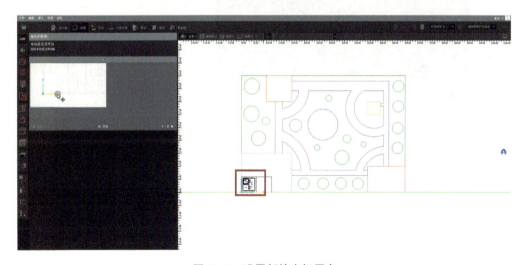

图 6-40　设置新的坐标原点

2）调整图纸的位置：根据 6.2 节建立的建筑形状，在新图纸中找到其所在的位置，单击"移动图纸"，先单击新图纸的边角，再单击建筑物相应的边角端点，将图纸相应的位置与建筑物重合。注意"移动图纸"选项只能将图纸向建筑物移动，不能将建筑物向图纸移动，否则会越移越远。将新图纸往相应的建筑移位如图 6-42 所示。

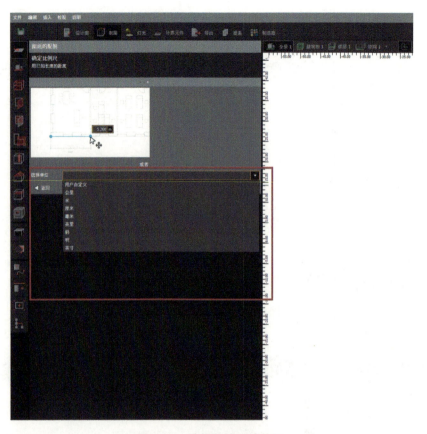

图 6-41　选择新图纸的单位

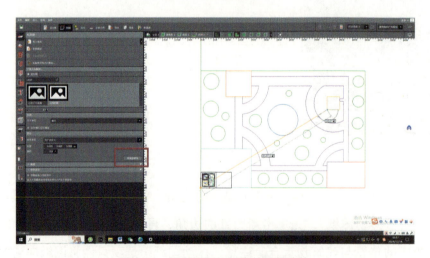

图 6-42　将新图纸往相应的建筑移位

多个图纸软件操作练习：请根据本书配套的《任务实践册》中的"多图纸设计"进行多个图纸的练习，完成设计任务。软件需要使用 DIALux evo 9.2 以上的版本。

6.4　多个建筑及楼层设计

1）第二个建筑设计：方法同 6.2 节，在图纸中相应添加建筑物，绘制内部轮廓，添加门窗、添加家具及物件及材质设置等操作都是相同的。注意第二个建筑在绘制内部轮廓时，单击"绘制内部轮廓"后会默认进入第一个建筑物，需要切换到新添加的建筑物后才有效。载入第三个图纸如图 6-43 所示。将新图纸移动到相应位置如图 6-44 所示。根据新图纸添加建筑物如图 6-45 所示。绘制内部轮廓如图 6-46 所示。

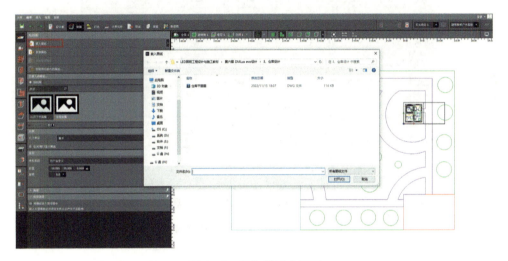

图 6-43　载入第三个图纸

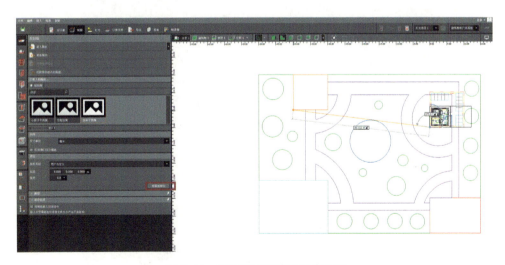

图 6-44　将新图纸移动到相应位置

图 6-45　根据新图纸添加建筑物

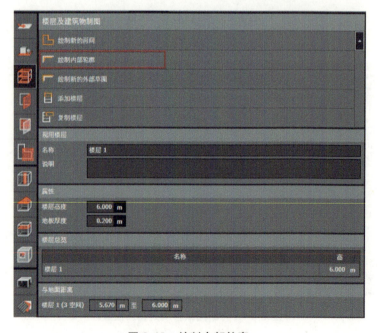

图 6-46　绘制内部轮廓

多个建筑软件操作练习：请根据本书配套的《任务实践册》中的"仓库设计"和"办公楼及培训室设计"进行多个建筑设计的练习，完成设计任务。软件需要使用 DIALux evo 9.2 以上的版本。

2）多楼层设计：第二个以上的楼层设计，可以采用"添加楼层"的方法，但是添加楼层需要重新对内部轮廓、门窗及物件等进行重新设计，大部分多楼层建筑中，第二层跟第一层具有较多重复的地方，最快捷的方法是复制楼层，复制时，需要确认复制哪些内容，如墙壁、内窗、裁剪片段、空间组件、灯具、家具、计算元件等，如果都不选择，默认仅复制墙壁，复制内容要慎重选择，可以最大幅度减少第二个以上的楼层的后续需要编辑的内容。通过"楼层及建筑物制图"菜单栏中添加楼层与复制楼层，开展多楼层设计如图 6-47 所示。复制楼层需要选择复制的内容及层数如图 6-48 所示。

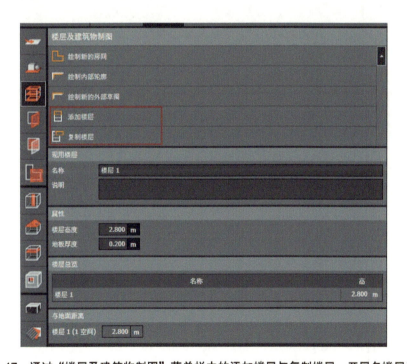

图 6-47　通过"楼层及建筑物制图"菜单栏中的添加楼层与复制楼层，开展多楼层设计

复制楼层后，需要根据该楼层的要求进行调整，如果复制了内部轮廓，则需要回到绘制内部轮廓的页面，根据实际对内部轮廓进行调整，复制了门窗，也需要回到门窗的界面，对门窗进行调整。复制后的楼层可以点击内部轮廓重新调整如

图 6-49 所示。

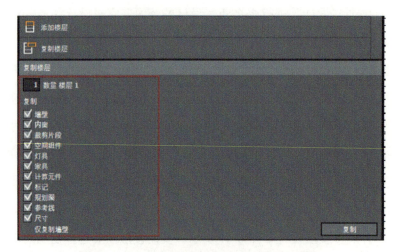

图 6-48　复制楼层需要选择复制的内容及层数

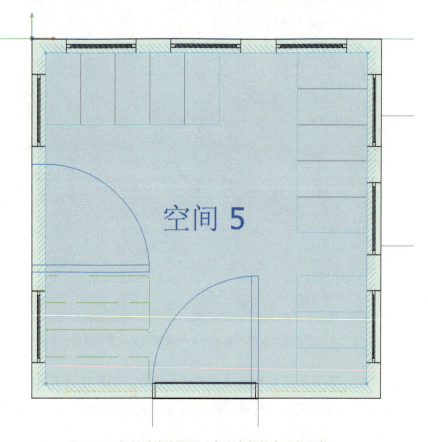

图 6-49　复制后的楼层可以点击内部轮廓重新调整

　　3）楼层中的楼梯设计：选择相应的楼层，对楼梯口开口位置，采用"所剪片段"功能，直接将楼层底板裁空，裁出楼梯口位置。如果没有具体要求，楼梯可以在家具及物件中直接导出，如果有要求，则需要使用空间组件功能将楼梯做出来。楼梯放置后，需要检查楼梯的放置是否符合走动的习惯，楼梯口相应的空缺位置需要适当加装挡板，以符合实际。用矩形裁剪片段开出楼梯出口如图 6-50 所示。物件对象目录的其他类别中找到楼梯如图 6-51 所示。楼梯平面图放置并调整大小如图 6-52 所示。用物件中的立方体在楼梯口做挡板如图 6-53 所示。挑选窗户的素材将挡板设置为玻璃材质如图 6-54 所示。

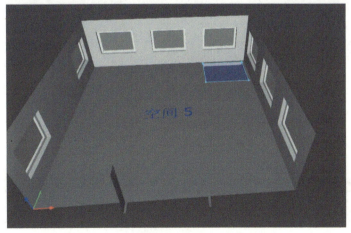

图 6-50　用矩形裁剪片段开出楼梯出口

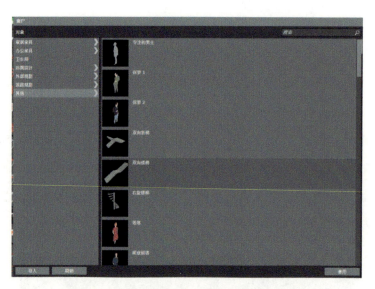

图 6-51　物件对象目录的其他类别中找到楼梯

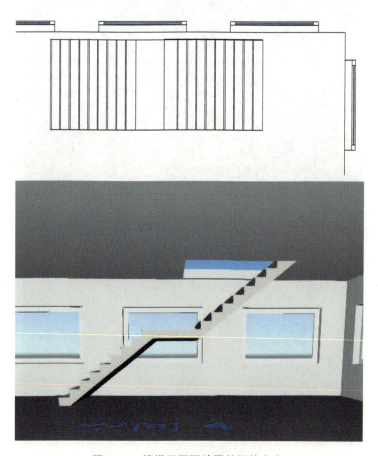

图 6-52　楼梯平面图放置并调整大小

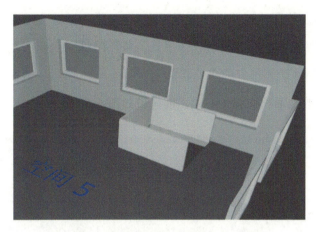

图 6-53　用物件中的立方体在楼梯口做挡板

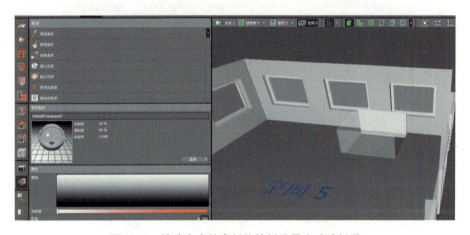

图 6-54　挑选窗户的素材将挡板设置为玻璃材质

多楼层及楼梯设计软件操作练习：请根据本书配套的《任务实践册》中的"仓库设计"进行多楼层及楼梯设计的练习，完成设计任务。软件需要使用 DIALux evo 9.2 以上的版本。

6.5　户外空间设计

户外空间的设计，注意需要在全景视角中操作，否则按钮会呈现灰色，如果操作中发生按钮呈现灰色，则需要检查上方的视角中，是否已经切换到对应的视角中。户外常需要设计的是花坛和草坪，草坪设计单击"全景"菜单栏，通过绘制地面组件实现，可以绘制长方形、圆形和多边形地面组件。硬底地面位置默认为 –0.1m，厚度默认为 0.1m，其余草坪等组件位置设为 0m，厚度根据实际设定。位置绘制完毕后，在"素材"菜单栏中的材料目录里找到草坪的材质，单击左键拖到相应的地面组件位置。绘制地面组件完成户外装饰设计如图 6-55 所示。地面位置默认设置如图 6-56 所示。修改地面材质显示不同功能区域如图 6-57 所示。

图 6-55　绘制地面组件完成户外装饰设计

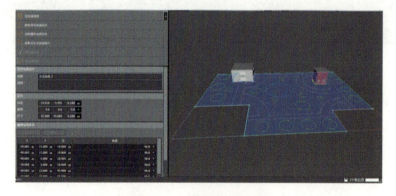

图 6-56　地面位置默设置

　　户外设计中常见的是小池塘，对于不规则形状的小池塘，使用多边形地面组件即可，注意位置高度设为 0m。在"素材"菜单栏中，在材料目录里找到"水面"材质，单击左键拖到相应的地面组件位置。注意不管是草坪还是池塘，如果叠加在一起，其起点高度需要有差异，否则后面添加材质也无法显现出来。另外其高度也不能太高，避免为后续的设计带来影响。通过多边形地面组件设计池塘如图 6-58 所示。

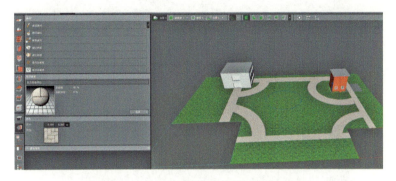

图 6-57　修改地面材质显示不同功能区域

图 6-58　通过多边形地面组件设计池塘

户外设计软件操作练习：请根据本书配套的《任务实践册》中的"多图纸设计"任务文件中，根据图纸要求，进行户外设计的练习。软件需要使用 DIALux evo 9.2 以上的版本。

6.6　灯具安装与调试

灯具安装需要在"灯光"栏完成。具体操作如下：

1）单个灯具安装：注意放入灯具时不要在"3D 图"视角进行，在该视角下很难正确放置灯具。放置灯具需要在"平面图"视角进行，先在平面准确找到位置，然后利用正视图、右视图、后视图和左视图对灯具的高度进行调整。进入灯光设计栏开展灯光设计如图 6-59 所示。平面图和正视图调整灯具位置如图 6-60 所示。右视图和左视图调整灯具位置如图 6-61 所示。

图 6-59　进入灯光设计栏开展灯光设计

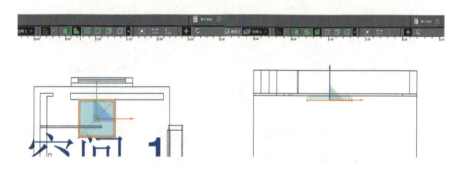

图 6-60　平面图和正视图调整灯具位置

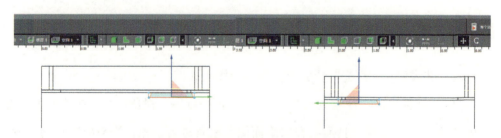

图 6-61　右视图和左视图调整灯具位置

单个灯具安装可以采用"置入单个灯具"方式完成，置入后可以通过灯具的位置坐标对灯具位置进行调整，可以绕三个轴线对灯具进行旋转。对于吸顶式灯具，可以根据实际设置发光点高度和安装高度，也可以直接设定安装高度等参数。对于可调节照射方向的射灯，可以单击"调整接头"，通过"设定照射点"一键设定照明方向。灯具安装坐标调整及旋转如图 6-62 所示。选择调整接头栏，设定照射点如图 6-63 所示。将射灯照射方向投放到目标物件如图 6-64 所示。

图 6-62　灯具安装坐标调整及旋转

图 6-63　选择调整接头栏，设定照射点

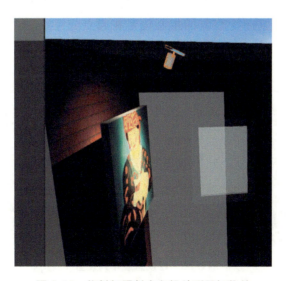

图 6-64　将射灯照射方向投放到目标物件

2）多个灯具安装：多个灯具安装可以采用"绘制矩形排列""绘制多边形排列""绘制圆形排列"及"绘制直线排列"进行。绘制矩形排列、绘制多边形排列、绘制圆形排列、绘制直线排列如图 6-65 所示。

图 6-65 绘制矩形排列、绘制多边形排列、绘制圆形排列、绘制直线排列

"绘制直线排列"需要设定直线的起点和终点，输入直线中灯具的总数量及灯具的对齐方式。对齐方式分别有居中、齐平起点或终点及居中起点或终点，居中是指第一个灯具和最后一个灯具分别距离起点和终点半个灯具的尺寸，齐平起点或终点是指第一个灯具或者最后一个灯具的外边缘在起点或终点，居中起点或终点是指第一个灯具或最后一个灯具的中心位置在起点或终点。绘制直线排列设置如图 6-66 所示。

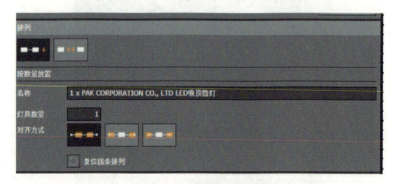

图 6-66 绘制直线排列设置

　　"绘制圆形排列"需要设定圆形的圆心及圆的半径，设定灯具的数量，还可以对灯具进行旋转。绘制圆形排列需要确定重心点及半径如图 6-67 所示。

图 6-67　绘制圆形排列需要确定重心点及半径

　　"绘制矩形排列"及"绘制多边形排列"同样需要先绘制矩形及多边形。矩形排列需要先确认灯具放置方式，分别是按数量放置和按距离放置。按数量放置则根据矩形的轴向长度平均分配灯具，按距离放置则按设定的距离等距放置。按数量放置还可以选择在区域内、对齐区域边缘及灯具中心对齐区域边缘三种对齐方式，按距离放置可以选择在区域中心、第一个灯具对齐区域边缘及第一个灯具中心对齐区域边缘三种对齐方式。上述对齐方式需要分别确认横向与纵向的对齐方式，按数量放置需要设置数量，按距离放置需要设置距离，当然软件会根据场所的照度要求默认安排灯具数量。绘制矩形排列需要确定排列和对齐方式如图 6-68 所示。

　　另外，也可以先置入单一灯具，复制后，单击"复制和排列"菜单栏，选择"沿着线复制"或"圆形复制"等操作，设定灯具数量及对齐方式完成，但前提是需要先在"辅助线和标注"菜单栏绘制参考线。绘制参考线如图 6-69 所示。选中灯具"沿着线复制"如图 6-70 所示。

　　灯具的替换可以选择需要替换的灯具，然后单击"替换所选灯具"，在灯具库选择新的灯具进行替换，注意该功能支持批量替换灯具。批量替换灯具如图 6-71 所示。

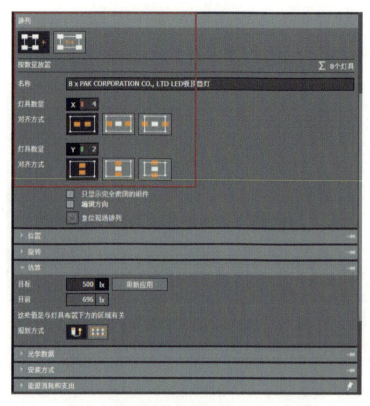

图 6-68　绘制矩形排列需要确定排列和对齐方式

图 6-69　绘制参考线

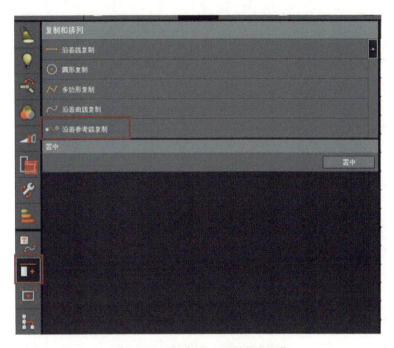

图 6-70　选中灯具"沿着线复制"

图 6-71　批量替换灯具

　　3）路灯安装：路灯安装可以采用直线排列的形式完成，设定的参数跟上述直线排列安装灯具方式一致。如果是直接进入"道路照明"进行道路快速模拟，需要设置的参数较多，包括灯具的排列方式、灯杆间距、发光点高度、灯臂斜度、光突出部分、单个灯杆的灯具量、灯杆和车道之间的距离、灯臂长度等，灯具的排列方式有下方单边排列、上方单边排列、双边排列及双边交错排列，设置完毕后不用计算，直接显示等照线。道路照明快速模拟模块如图 6-72 所示。道路照明需要设置的参数如图 6-73 所示。道路照明直接显示的等照线如图 6-74 所示。

图 6-72　道路照明快速模拟模块

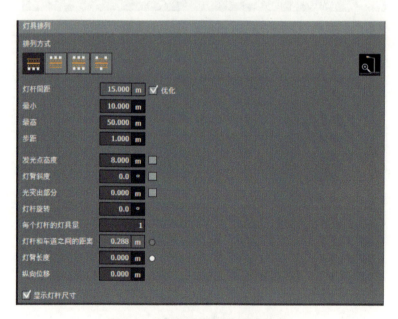

图 6-73　道路照明需要设置的参数

　　另外，户外灯具中路灯的安装较为特殊，大多灯具库引入的灯具只有一个灯头，虽然对灯光效果的模拟没有影响，但是在美观方面较为欠缺，需要自行补充灯杆，具体可以在"家具及物件"中选择"圆柱体"，合理调整圆柱体的尺寸，并附上相应的材质自行制作灯杆。路灯没有灯杆如图 6-75 所示。利用家具及物件中的圆柱体补灯杆如图 6-76 所示。

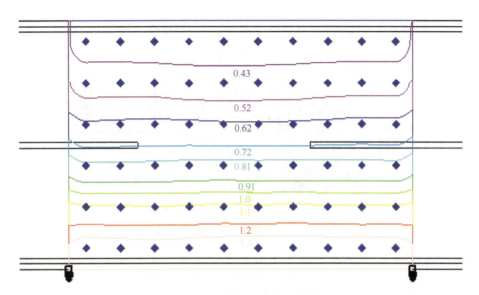

图 6-74　道路照明直接显示的等照线

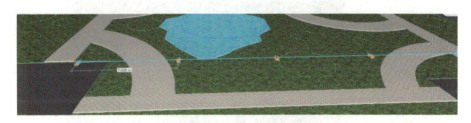

图 6-75　路灯没有灯杆

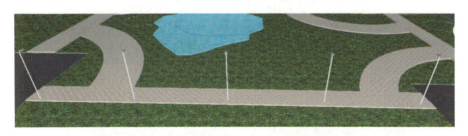

图 6-76　利用家具及物件中的圆柱体补灯杆

　　4）灯光颜色调整：单击"滤色片"菜单栏，单击需要更换颜色的灯具，单击"选择"，在目录中选择需要更换的颜色，最后单击"套用"，完成灯光颜色调整。选择滤色片更换灯光颜色如图 6-77 所示。选择完毕后单击"套用"更换颜色如图 6-78 所示。

图 6-77　选择滤色片更换灯光颜色

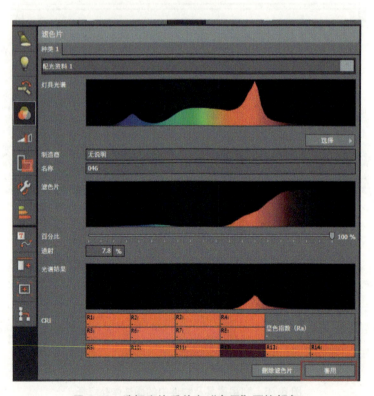

图 6-78　选择完毕后单击"套用"更换颜色

5）灯光场景设计：灯光场景设计是智慧照明设计的重要手段。单击"灯光场景"菜单栏，软件会默认将所有已安装的灯具放在同一个灯具组里，其中室内灯具

一组、室外灯具一组，不考虑室外灯具参与灯光场景设计，可以直接把外部组删
除。先单击"添加灯具组"对灯具进行分组设置，双击灯具组名字可以对灯具组进
行命名，更新灯具组名称。根据不同的控制空间添加灯具组，单击选择需要相应的
灯具，在默认的灯具组中单击"–"键，将灯具从默认组中删除，然后在相应的灯具
组中单击"+"键，将灯具加入相应的灯具组中。单击"灯光场景"如图 6-79 所示。
默认室内灯具一组、室外灯具一组如图 6-80 所示。根据实际对灯具进行分组管理如
图 6-81 所示。

图 6-79　单击"灯光场景"

图 6-80　默认室内灯具一组、室外灯具一组

图 6-81　根据实际对灯具进行分组管理

接着设定灯光场景，在现用灯光场景中直接输入场景名称，并根据该场景实际调整各灯具组的点亮比例。设置完第一个灯光场景后，可通过"添加灯光场景"或"复制灯光场景"设置下一个灯光场景，推荐使用"复制灯光场景"后调整灯具组的点亮比例的方式设置下一个灯光场景。设定每个灯光场景中每个灯具组的点亮情况，可以控制每个灯具组亮的比例，实现照明节能。对现用场景名称进行更换名称如图 6-82 所示。设定该场景下灯具组的点亮比例如图 6-83 所示。复制灯光场景并调整灯光比例，设定不同照明场景如图 6-84 所示。

图 6-82　对现用场景名称进行更换名称

图 6-83　设定该场景下灯具组的点亮比例

另外，设定灯光场景时，可以设定当天的日期及天气情况，有"无日光、晴天、晴有云、阴天"4 种天气供选择，考虑天气情况可以让照明场景设计更加贴近实际。设定当天的日期及天气情况如图 6-85 所示。

6）工作面设定：照明设计需要明确工作面的高度及位置，以便软件更好地评估照明设计在工作面的照度情况。可以绘制矩形、圆形、多边形的工作面，另外需要通过正视图、右视图、后视图及左视图等不同视角将工作面移动到正确的位置及高度。设定工作面如图 6-86 所示。工作面默认覆盖整个空间如图 6-87 所示。通过绘制，精准计算某个工作面如图 6-88 所示。

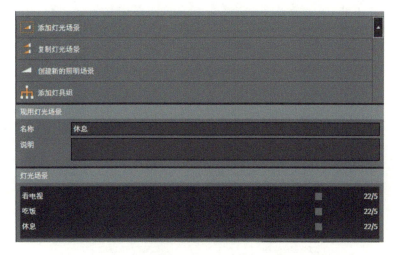

图 6-84　复制灯光场景并调整灯光比例，设定不同照明场景

图 6-85　设定当天的日期及天气情况

图 6-86　设定工作面

图 6-87　工作面默认覆盖整个空间

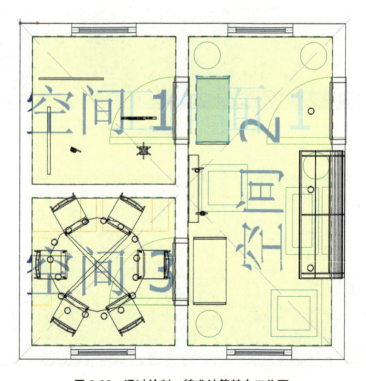

图 6-88　通过绘制，精准计算某个工作面

7）灯具维护系数：选择灯具后，灯具维护系数才能显示，具体是指灯具因使用时间较长蒙尘等情况影响光通量的输出，系统默认维护系数为 0.8，可根据实际进行调整。选中灯具会显示灯具维护系数如图 6-89 所示。

图 6-89　选中灯具会显示灯具维护系数

灯具安装设计软件操作练习：请根据本书配套的《任务实践册》中的"办公楼及培训室设计"任务文件，进行灯具安装设计的练习。软件需要使用 DIALux evo 9.2 以上的版本。

6.7　计算元件设定及照明效果计算

计算元件包括计算点和计算面，计算点通过"置入计算元件"完成，计算参数包括水平照度、直角照度、垂直照度、统一眩光指数（UGR）、眩光指数（GR）、圆柱形照度、半圆柱形照度、半球形照度及自定计算方向照度等。在体育场所中媒体拍摄的固定位置，需要设置摄像机的导向照度。计算面通过"绘制矩形计算元件"和"绘制多边形计算元件"完成，计算元件的置入需要将平面图放在适合的位置，然后通过正视图、左视图等不同视角完成位置及高度的调整，必要时还需要旋转以确保得到预期的计算元件。计算元件设定如图 6-90 所示。

图 6-90　计算元件设定

除计算元件设定外，还可以重新定义作业面、工作区及活动区，以减少无人活动区的照明，达到节能效果。定义计算的作业面、工作区及活动区如图 6-91 所示。

图 6-91　定义计算的作业面、工作区及活动区

计算元件设定后，就可以对设计效果进行计算，可以单击右上角的"整个项目"对整个项目进行计算，为减少计算量，可以在"设置计算"菜单栏下选择标准计算、快速计算两种模式，标准计算覆盖整个项目及所有照明，但也可以选择"不带物品对象和家具"计算及"仅计算平面"，也可以选择"对物品对象和家具的简化照明"。快速计算仅考虑所选楼层及楼层中的照明，并在此基础上可以选择"不带物品对象和家具"计算及"仅计算平面"，提升计算的速度。快速简化计算设置如图 6-92 所示。

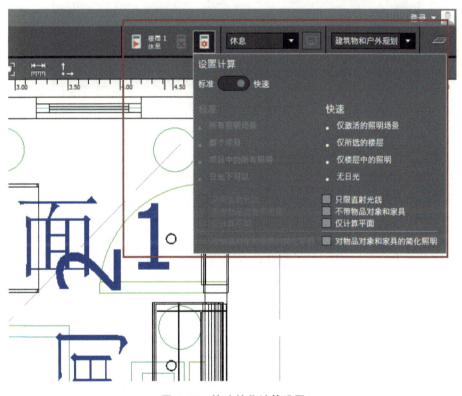

图 6-92　快速简化计算设置

6.8　图片导出

"导出"板块中，可以选定某个视角，在"视图"菜单栏单击"保存视图"及"另存图片"，供客户观看及后续的报告使用。保存视图如图 6-93 所示。

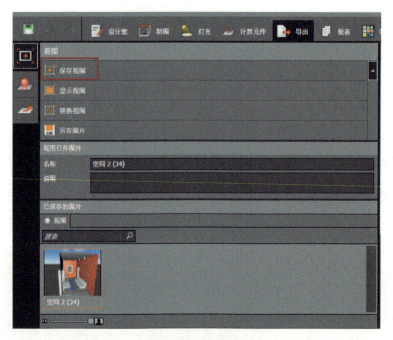

图 6-93　保存视图

　　DIALux evo 软件具有很强的光线追踪功能，对于玻璃等具备反光和透光的部位，使用光线追踪后，图片会变得更加逼真，具体操作位计算后调整到想要的角度，例如，有镜子、窗户和玻璃物件前，单击"光线追踪"菜单栏的"启动光迹跟踪"，则会得到光线追踪后的视图，可以对此视图设定不同的分辨率，分辨率越高，耗时越长，对计算机的要求也越高。注意快速计算后不能使用光线追踪功能。完整计算后启动光迹跟踪如图 6-94 所示。启动光迹跟踪后玻璃显得更逼真如图 6-95 所示。

图 6-94　完整计算后启动光迹跟踪

图 6-95　启动光迹跟踪后玻璃显得更逼真

6.9　报表输出

根据需求，选择合适的报表类型。DIALux evo 软件提供了多种报表类型，如照明计算报表、灯具清单、能耗分析等，以满足不同的设计需求。单击"报表"菜单栏，再单击"编辑"选择报表需要呈现的内容，包括封面、内容、说明、图片、灯具列表、全景、建筑物、楼层等选项。编辑完成后，单击"显示完整报表"，检查报表是否跟预期一致，确认一致后，单击"另存为"输出报表，可以选择输出的格式为 PDF，而 Word、PowerPoint 等格式需要付费解锁。报表输出选项编辑如图 6-96 所示。

计算元件设置、计算、图片导出及报表输出软件操作练习：请根据本书配套的《任务实践册》中的"办公楼及培训室设计"任务文件，安装灯具并设定灯光场景后，进行计算元件设置、计算、图片导出及报表输出的练习。软件需要使用 DIALux evo 9.2 以上的版本。

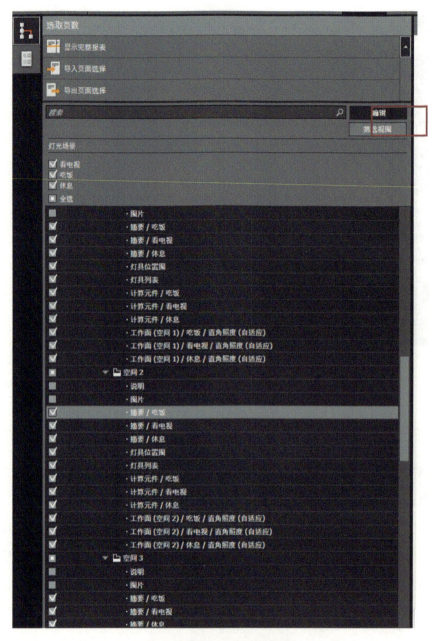

图 6-96　报表输出选项编辑